こう変わる！

化学物質管理

法令順守型から自律的な管理へ

第3版

城内 博 著

中央労働災害防止協会

はじめに

２０２１年７月19日に「職場における化学物質等の管理のあり方に関する検討会」報告書*が厚生労働省労働基準局安全衛生部から発表された。これは２０１９年９月から２０２１年７月までの間に計15回開催された検討会、及びその下に設置された「リスク評価ワーキンググループ」（計５回開催）の検討結果を踏まえた、今後の化学物質の管理のあり方についての提言である。

報告書では、特別規則（粉じん障害防止規則、有機溶剤中毒予防規則、特定化学物質障害予防規則、鉛中毒予防規則、四アルキル鉛中毒予防規則）の措置等を基本とした化学物質の管理（いわゆる「法令順守型」）から、事業者が自らの判断で管理方法を決定する「自律的な管理」へ移行するための方策について提言している。

日本では化学物質による休業４日以上の労働災害のうち、特別規則等による規制の対象外物質を原因とするものが約８割を占める。この背景として規制物質の使用をやめて、危険性・有害性を十分確認・評価せずに規制対象外物質を代替品として使用し、その結果十分な対策がとられずに労働災害が発生していることが指摘されている。

一方、欧州及び米国では、ＧＨＳ分類で危険性・有害性のある全ての物質がラベル表示・ＳＤＳ交付義務対象であり、欧州ではこれらの物質についてリスクアセスメントの実施が義務付けられている。

＊ https://www.mhlw.go.jp/stf/newpage_19931.html

そこで報告書では、法令に定められた措置を順守するこれまでの化学物質管理の仕組みを見直し、国の役割はばく露をそれ以下に抑制すべき濃度基準値を定めるとともに危険性・有害性に関する情報の伝達の仕組みを整備・拡充することまでにとどめ、具体的なばく露防止措置については事業者が危険・有害性情報に基づいてリスクアセスメントを行って、自ら選択して実行すること（自律的な管理）を原則とすることを提示している。

この報告書を受けて２０２３年4月より順次、改正政省令が施行され、「化学物質の自律的な管理」がスタートすることになった。本書ではその政省令改正の背景、概要さらに関連情報等について解説する。このたび、２０２３年1月以降に示された法令、指針、通達等の内容を加え、第3版とした。

「自律的な管理」への方向転換は国内外の状況に鑑みると必然であるように思われる。しかしながらこれに向けた技術的なノウハウは日本ではすでに存在しているものの、50年以上続いた法令順守型が染みついた思考を変えることは容易ではないであろう。

「自律的な管理」の基本である危険性・有害性に関する情報伝達はＧＨＳ（化学品の分類および表示に関する世界調和システム）*の導入により可能となり、またリスクアセスメントもすでに実行されている。さらに「自律的な管理」にむけた改

---

* GHS：The Globally Harmonized System of Classification and Labelling of Chemicals。化学物質の危険有害性を統一された基準に従って分類し、その結果をわかりやすく表示・通知することで化学物質による災害防止や環境保護に役立てることを目的に、2003 年７月に国連文書として公表された。

正が政省令にとどまっているのは、これを実行するための概念はすでに労働安全衛生法に包含されていたということでもある。今回の改正は、化学物質の危険性・有害性に関する情報伝達の拡大・強化、管理体制の見直し、中小企業への行政支援等からなっているが、その目的は化学物質を取り扱う労働者への危険性・有害性に関する情報伝達の拡大・強化、全ての化学物質取扱い事業場におけるリスクアセスメントに基づいた管理の徹底である。

化学物質による労働災害防止において、その取扱い者に対する危険性・有害性に関する情報の伝達・周知は最優先されるべきものであるが、日本においてはこれを目的とした法令は整備されてこなかった。この情報伝達は基本的人権にも関わるものであり、これを基礎としてさまざまな施策、措置が有効に働くことが担保される。しかし残念ながらこの重要性は日本では十分に認識されてきたとは言い難い。重大災害が起きるたびにさまざまな対策が議論されてきたが、情報伝達はその他の対策、例えば監督官の事業場への立ち入り頻度、産業医の選任、局所排気装置の設置、健康診断の実施等と同じレベルで検討され、その重要性が認識され施策と結びつくことはなかった。これはGHS導入以前までラベル表示対象物質は約１００、安全データシート交付対象物質は６４０に止まっていたことからも明らかである。今回の改正により労働者への情報伝達が担保され、その重要性が認識され、そして自律的な管理が推進されることに期待する。

２０２４年から5年後を目途に特別規則の廃止が提案されているが、これはさまざまな措置が義務化されている１２３物質に偏っている資源の集中を、適正な配分で活用する、すなわち事業者の判断で優先順位をつけて多様な対策を講じることを可能にするための方策である。

これらの施策は、これまでの法令順守型、つまり法令で定められたことを事業者が順守することでよしとされてきたものを、事業者自らが優先順位をつけて、労働者との協力で実行するという方向に転換するものである。このためには行政、事業者さらに労働者においても、法令を守ってさえいればよいというトップダウン的思考から自らが管理を行うというボトムアップ的思考への転換が必要である。実行は容易ではないが、関係者が総力をあげて、これまで日本で培われてきたきめ細かな施策を有機的に連携させることで、国際的に見ても一歩進んだ化学物質の「自律的な管理」の体系が構築できると信じる。

２０２３年11月

著　者

本書においては、法令名称の略称として以下のものを用いています。

・労働安全衛生法　安衛法
・労働安全衛生法施行令　安衛令
・労働安全衛生規則　安衛則
・有機溶剤中毒予防規則　有機則
・鉛中毒予防規則　鉛則
・四アルキル鉛中毒予防規則　四アルキル則
・特定化学物質障害予防規則　特化則
・電離放射線障害防止規則　電離則
・酸素欠乏症等防止規則　酸欠則
・粉じん障害防止規則　粉じん則
・事務所衛生基準規則　事務所則
・毒物及び劇物取締法　毒劇法
・特定化学物質の環境への排出量の把握等及び管理の改善の促進に関する法律　化管法

目次

1　法令改正の背景

化学物質管理には多くの犠牲を伴った長い歴史があり、現在の化学物質管理のシステムは人類の英知の賜物ともいえる。この歴史をたどることは「自律的な管理」の必要性、必然性を理解することでもあると考える。

(1)　化学物質管理の国際的な潮流

(ア)　ハザード管理からリスク管理へ

現在、化学物質はありとあらゆる製品に使用され、われわれの生活を便利で豊かなものにしている。一方、化学製品の製造過程あるいは化学製品そのものによる事故災害や疾病等の健康障害は枚挙にいとまがないほどである。

化学物質による事故や疾病が社会の重大問題として取り上げられるようになったのは、その使用量が増大し使用形態も多様化した産業革命以降である。その後、科学技術の進歩とともに化学物質の精製及び合成法も飛躍的に発展し、さまざまな種類の化学物質が産業現場あるいは家庭で使用され、労働者や一般消費者が多くの化学物質にばく露される機会が増大した。

化学物質による多くの災害を経験して、危険有害な物質の製造・使用の禁止、危険性・有害性の少ない代替物質への転換、工程の密閉化、局所排気装置等による有害物質の除去、ばく露

表1.1　ILO条約及び勧告等から見る化学物質管理の変遷

年	ILO条約及び勧告
1919	鉛中毒に対する婦人及び児童の保護に関する勧告（ILO第４号）
1919	燐寸製造に於ける黄燐使用の禁止に関する1906年のベルヌ国際条約の適用に関する勧告（ILO第６号）
1921	ペーント塗における白鉛の使用に関する条約（ILO第13号）
1925	労働者職業病補償に関する条約（ILO第18号）
1929	産業災害の予防に関する勧告（ILO第31号）
1960	電離放射線からの労働者の保護に関する条約（ILO第115号）及び勧告（ILO第114号）
1971	ベンゼンから生じる中毒の危害に対する保護に関する条約（ILO第136号）及び勧告（ILO第144号）
1974	がん原性物質及びがん原性因子による職業性障害の防止及び管理に関する条約（ILO第139号）及び勧告（ILO第147号）
1981	職業上の安全及び健康に関する条約（ILO第155号及び第164号）
1986	石綿の使用における安全に関する条約（ILO第162号）及び勧告（ILO第172号）
1990	職場における化学物質の使用の安全に関する条約（ILO第170号）及び勧告（ILO第177号）
1993	大規模産業災害の防止に関する条約（ILO第174号）
2001	労働安全衛生マネジメントシステム（ILOガイドライン）
2006	職業上の安全及び健康を促進するための枠組みに関する条約（ILO第187号）及び勧告（ILO第197号）

限界等の設定による気中濃度の管理、保護具の使用、以上のような措置を含む法規制の制定などが、化学物質管理の方法として考案され実践されてきた。そして、これらの対策が過去100年以上にわたり後追い的に実行されてきた。

表1.1に化学物質に関するILO条約及び勧告を示した。これらから化学物質管理は20世紀初頭には比較的に急性で重篤な中毒作用に対する対策や補償が、20世紀中期にはがんなどの慢性的な疾病が問題となり、20世紀末には予防的対策が、そして21世紀には自律的な取組みが主流になってきたことがわかる。

つまり大きな災害が起きるたびに、新しい法律が作られ、あるいは既存の法律に新たな物質が加えられるなどして、管理がなされてきた。こうした経験を経て、化学物質の危険性・有害性について前もって調査を行い、それによって起きる災害リスクを推定し、優先的に行うべき対策を決定するというようなリスク評価の手法が導入され、化学物質管理の基本とされるようになったのはつい最近のことである。

さて、リスクとは「人間の生命や経済活動にとって、望ましくない事象の発生と不確実さの程度およびその結果の大きさの程度」（日本リスク研究学会編『リスク学事典』ＴＢＳブリタニカ、２０００年）と定義される。化学物質によるリスクは、化学物質の製造、運搬、使用、廃棄等における過程で、化学物質がもつ危険性・有害性により労働者や消費者が受ける危害（事故災害や疾病）の可能性の大きさ及びその結果の大きさの程度、ということができる。

リスク評価の概念及びその方法は１９８０年代初めに芽生え、１９９０年から２０００年にかけて発達してきたが、そこに達するまでにはさまざまな紆余曲折があった。

ヨーロッパでは過去30年間に化学工業で起きた重大災害を教訓に、さまざまな法規制が施行されてきた。特に１９７６年にセベソ（イタリア北部の都市）の農薬工場が爆発し大量のダイオキシンが周辺地域に飛散した災害を契機に、さまざまな国の重大危害要因法規がまとめられ、ＥＣ指令*（「セベソ指令」と呼ばれる）となった。この指令では、大規模な危険施設に対し、化学物質の毒性、引火性、爆発性に基づいてリスクの判定を行うよう求めている（**表1.2**）。また、施設に存在する危険有害物質量がある限界量を超

＊　Council of the European Communities 1982

表1.2　大規模危険施設についてのEC指令による判定基準

有毒物質（非常に有毒なものと、有毒なもの）			
以下の値の急性毒性を示し、重大災害危害要因を引き起こしうる物理的、化学的性質をもつ物質			
	LD_{50}（ラットに経口投与）mg/kg	LD_{50}（ラットまたはウサギに経皮投与）mg/kg	LC_{50}（ラットに4時間吸入）mg/L
1	$LD_{50} < 5$	$LD_{50} < 10$	$LD_{50} < 0.10$
2	$5 < LD_{50} < 25$	$10 < LD_{50} < 50$	$0.1 < LC_{50} < 0.5$
3	$25 < LD_{50} < 200$	$50 < LD_{50} < 400$	$0.5 < LC_{50} < 2$
引火性物質			
1　引火性ガス：常圧で気体であり、空気と混合すると引火性になり、その常圧での沸点が20℃以下の物質			
2　高度に引火性の液体：21℃より引火点が低く、常圧での沸点が20℃を超える物質			
3　引火性液体：55℃より引火点が低く、加圧しても液体状態にある物質で、高圧高温など特殊な処理条件によって重大災害危害要因になることのある物質			
爆発物			
火炎の作用で爆発することのある物質、あるいは、衝撃や摩擦に対してジニトロベンゼン以上に敏感な物質			

えている場合には、その施設は大規模危険施設であるとみなされている。この物質リストは180種の化学物質からなっており、その限界量は、極度に有毒な物質1kgから、高度に引火性の液体5万トンまでと広範多様である。さらにこれらの化学物質を管理するための優先順位が示されている（**表1.3**）。この指令により化学物質の危険性・有害性を分類し、その災害の重大（重篤）性を考慮して優先順位をつけ、管理を行うという概念が確立された。セベソ指令はその後改正され、セベソ指令Ⅱ（1996年）、セベソ指令Ⅲ（2012年）となっている。

(イ)　ゼロリスクから受容しうるリスクへ

慢性影響のリスクに対する考え方の変

表1.3　重大危害要因施設の確認に用いられる優先化学物質

物質名	量（これを超える量）	物質名	量（これを超える量）
一般引火性物：		**特定有毒物質：**	
引火性ガス	200 t	アクリロニトリル	200 t
高度に引火性の液体	50,000 t	アンモニア	500 t
特定可燃物：		塩素	25 t
水素	50 t	二酸化硫黄	250 t
酸化エチレン	50 t	硫化水素	50 t
特定爆薬類：		シアン化水素	20 t
硝酸アンモニウム	2,500 t	二硫化炭素	200 t
ニトログリセリン	10 t	フッ化水素	50 t
トリニトロトルエン	50 t	塩化水素	250 t
		三酸化硫黄	75 t
		特定の非常に有毒な物質：	
		ベンジジン	1 kg
		ジメチルニトロソアミン	1 kg
		クロロメチル	1 kg
		メチルエーテル	1 kg
		イソシアン酸メチル	150kg
		ホスゲン	750kg

遷は、米国における発がん性物質への対応で見ることができる。米国では１９５８年に食品衛生に関する法律であるデラニー条項（いかなる量であっても発がん性物質を含む物質を食品に使用してはならない）が制定され、ゼロリスクが目標とされてきた。さらに米国では発がん性物質には閾値＊は存在しないという考え方をとっていたために、発がん性が証明されれば禁止せざるを得ないということになっていた。

　しかし、自然の食品も含めた全ての発がん性を有する物質を禁止することが不合理であることが徐々に認識され、１９７７年には米国食品医薬品庁の担当者が「無視しうる発がんリスクレベル」という考え方を示し、発がんの生涯リスクが１００万人に１人だけ増加するレベルは無視しうるリスクレベルと考えるべきであると主張した。

＊　**閾値**：ある反応があらわれる限界値

また、１９８３年には米国科学アカデミー（ＮＡＳ[*1]）が化学物質のリスク評価の枠組みを提示した。これは、①有害性の特定、②量―反応評価、③ばく露評価、④リスクの総合判定、の4つのステップからなり、現在行われている化学物質の健康リスク評価の基礎となった。１９９０年の連邦清浄大気法改正では、「安全とはゼロリスクを意味するものではなく、リスク評価に基づいて受容しうるレベルが検討されなければならない」とされた。デラニー条項は１９９６年に廃止された。

１９９９年には世界保健機関（ＷＨＯ）から「化学物質の健康リスク評価」（国際化学物質安全性計画（ＩＰＣＳ[*2]）『環境保健クライテリア２１０』）が出された。ここで示されているリスク評価方法はＮＡＳの4つのステップを踏襲したものであり、現在の化学物質に対するリスク評価の概念および方法の基本となっているので、その概要を以下に引用する。

> 有害性の特定は、毒性および作用機序に関して入手されたあらゆるデータを評価し、これをもとに人での有害作用の証拠としての重要性を評価することが目的である。有害性の特定には主に次の二つの課題がある。①ある物質が人の健康に対する有害性をあらわすかどうか、②どのような状況で、特定の有害性が発現するか。有害性の特定は、ヒトでの所見から構造活性相関の分析に至るまで、多様なデータをもとに行われる。…（略）…一般的に、毒性が認められる標的臓器は複数存在する。…（略）…通常は、用量を増加

＊1　**NAS**：National Academy of Science
＊2　**IPCS**：International Program on Chemical Safety

させたときに最初に認められる問題となる重要な影響が特定される。

量―反応関係評価とは、投与された、またはばく露された物質の量と、健康への有害影響の発生の関係を判定するプロセスである。ほとんどの種類の毒性作用（すなわち、臓器特異的作用、神経学的・行動学的毒性、免疫学的毒性、非遺伝子毒性の発がん性、生殖毒性または発生毒性）では、それ以下では有害作用が生じない用量または濃度（すなわち閾値）が存在すると、一般的には考えられている。その他の種類の毒性作用では、どのようなばく露レベルでもある程度の確率で有害性があると想定されている（すなわち閾値は存在しない）。現時点では、後者の仮定は一般的に主として変異原性および遺伝子毒性発がんに適用されている。

　閾値が存在している場合（例：非発がん性作用および非遺伝子毒性発がん物質）には、従来、無毒性量（ＮＯＡＥＬ）（閾値の近似値である）と不確実性係数を用いて、それより低い濃度では人に有害作用は認められないとするばく露レベルが求められる。または、各種の不確実性の原因を考慮したうえで、無毒性量（最小毒性発現量）（Ｎ（Ｌ）ＯＡＥＬ）が推定ばく露量を超過する程度（すなわち安全余地、margin of safety）を検討する。これまではこのアプローチが「安全性評価」とされることが多かった。したがって、閾値の初期的な近似値としてみなすことが可能な用量、すなわちＮＯＡＥＬは重要である。一方、その問題となる重要な作用の特定（またはその推定値の低い方の信頼限界）の発生確率（例：５％）をモデル計算から推定する「ベンチマーク量」を、有害作用の量―反応の定量的評価に用いることが提案される傾向にある。

　問題となる重要な作用に閾値が存在しないような化学物質（例：遺伝子毒性発がん物質およ

び生殖細胞変異原性物質）のリスク評価に適した方法論については、明確な合意は得られていない。…（略）…

リスク評価のプロセスの第三段階は、ばく露評価であり、これはさまざまな条件下で経験または予測される化学物質へのばく露の性質および程度を評価することを目的としている。…（略）…一般的には、環境濃度および個人ばく露量の測定を対象とした間接および直接的手法さらに、バイオマーカーなども含まれる。アンケート調査やモデルもよく利用される。…（略）…ばく露評価の目的にもよるが、その結果得られる数値は、ばく露の最高および平均濃度、期間または回数の推定値であることもあれば、用量（実際に体内に入った量）の推定値となる場合もある。…（略）…あるばく露の毒性学的な結果は、体外ばく露レベルではなく体内用量によって決定される点に注目することが重要である。

リスクの総合判定は、リスク評価の最終段階である。…（略）…このため、リスクの総合判定とは、それに伴う不確実性も含めて、ある条件下での特定の環境物質へのばく露により生じる合理的に推定できる人や環境へのリスクの性質、重要性、およびその程度を評価し集約することである。

このＩＰＣＳの「化学物質の健康リスク評価」では、危険性・有害性の評価、量―反応関係、ばく露評価等におけるデータ解釈については詳細に論じているが、各分野（特に労働衛生分野）における具体的なリスク評価の手順については明記していない。

(ウ)　法令順守型から自律的な管理への流れ

欧米においても化学物質の管理は長きにわたって法令を順守することで行われてきたが、１９７２年に英国で労働安全衛生に関する委員会の報告書、いわゆるローベンスレポートが議会に提出され、その後の化学物質管理の方向を大きく変えることになった。このローベンスレポートは、当時の労働安全衛生における行政組織（８つ）と関係法令（８つの法律及び５００以上の規則類）の弊害、すなわち法令の依拠による事業者の責任や自主性・自発的な取組みの軽視、技術革新への対応の遅れを指摘し、独立した行政組織の設立、自主的対応への転換、法律の簡素化（原則のみの記述）等の改革案を提示した。これを受けて英国政府は１９７４年に「職場における保健安全法」*を制定し、改革案にしたがって、法律は原則のみとして規則、指針、承認実施準則などで補完する体系を作った。事業者が安全衛生に取り組むべき態度として、「合理的に実行可能な限りにおいて」を基本としたが、それは「訴訟等が起きたときには、事業者は十分な防止対策を講じていたことを証明できなければ罰則が適用される」ということでもあった。これは事業者が法令に従っていればよいとする「法令順守型」から、自らが選択し対応しなければならない「自律的な管理」（自主対応型ともいわれる）への転換を意味していた。この施策はその後の危険性・有害性情報の労働者への伝達を前提とした、リスクアセスメントに基づいた労働災害防止施策に結びついていった。

＊　Health and Safety at Work etc. Act 1974:
https://www.legislation.gov.uk/ukpga/1974/37/contents/enacted

(2) 化学物質による災害の現状とその特徴

化学物質が原因となる火災などの事故やがんなどの疾病が世界中で年間どのくらい起きているかについての正確な統計は無い。国際連合の専門機関である国際労働機関（ILO*、2000年）では、年間110万人が職業関連で死亡し、そのうちの3分の1は化学物質による疾病（がん、呼吸器系疾患、循環器系疾患、神経系疾患、腎臓疾患、アスベスト肺、じん肺など）であろうと推計している。世界保健機関（WHO、2019年）は化学物質により毎年200万人が死亡（約半数は鉛が原因の心血管系疾患、次に多いのが職業性ばく露による慢性閉塞性肺疾患、次いで職業がん）していると、またILOは毎年10億人の労働者が危険有害な化学物質にばく露されていると発表している（2021年）。職業関連の疾病のみならず、また死亡に至らない重症者及び軽症者も考慮すると、化学物質により健康を害している人の数が死亡者の数百倍になるであろうことは容易に想像できる。

日本の労働災害及び業務上疾病の統計によると、過去5年の休業4日以上の死傷病者数は年間約12万人、休業4日以上の業務上疾病者数は約8千人であり、業務上疾病者数のうち化学物質による者が毎年200～300人、酸素欠乏症及び硫化水素中毒が10人前後、じん肺が600～800人、がんは1～2人である。**表1.4**に2003年以降の休業4日以上の化学物質（危険物、有害物）に起因する労働災害を示す。また、この統計には含まれていないが、過去のアスベストばく露による肺がんや悪性中皮腫の認定者数

---

* ILO：International Labor Organization

表1.4　化学物質（危険物、有害物）による休業４日以上の労働災害
（爆発性の物等、引火性の物、可燃性のガス、有害物による災害）

	2003年	2008年	2013年	2018年	2022年
化学物質関係	653	563	474	449	364

（資料：労働者死傷病報告）

表1.5　化学物質による健康障害

2018年の労働者死傷病報告のうち、事故の型が「有害物等との接触」であるものでその起因物が化学物質であるものを、原因物質別、障害内容別に集計したもの

		件数（件）	割合（%）	障害内容別の件数※（件、（%））		
				吸入・経口による中毒、障害	眼障害	**皮膚障害**
特別規則対象物		77	18.5	38（42）	18（20.0）	34（37.8）
	特定化学物質	47	11.3	19	12	24
	有機溶剤	28	6.7	17	6	10
	鉛	2	0.5	2	0	0
	四アルキル鉛	0	0	0	0	0
特別規則以外のSDS交付義務対象物		**114**	**27.4**	15（11.5）	40（30.8）	**75（57.7）**
SDS交付義務対象外物質		**63**	**15.1**	5（7.5）	27（40.3）	**35（52.2）**
物質名が特定できていないもの		**162**	**38.9**	10（5.8）	46（26.7）	**116（67.4）**
合計		416		68（14.8）	131（28.5）	260（56.6）

※複数の障害が発生しているものがあるため、合計値は件数と合わない場合がある
※（　）内は障害内容別の件数を合計した者に対する割合（%）

が急増し１９９７年には22名であったものが、２００６年には１７８４名、２０１５年は９８２名に達した。

さらに、化学物質による爆発・火災による休業４日以上の死傷者数は過去10年間では80名から１５０名ぐらいを推移している。一時に３人以上の死傷者を伴う重大災害は過去５年間に２００〜３００件ぐらい起きている。（休業４日以上の数値は労働基準監督署で集計される労働者死傷病報告から、また職業がんについては労災保険給付データからのものであり、必ずしも整合性がとれていないことに注意。）

この他に、統計には表れないじん肺症やがんなどの慢性疾患、軽症の体調不良、皮膚炎、眼に対する刺激

作用等々も勘案すると、化学物質による健康障害の件数は膨大なものになるであろう。

なお、化学物質による健康障害の約８割は特別規則対象外の物質が原因となっており、皮膚障害では約９割が特別規則対象外の物質である（**表1.5**）。

(3) 日本の法令の特徴と自律的な管理への流れ（情報伝達～リスクアセスメント）

(ア) 日本の法令の特徴

労働災害統計の数字からも明らかなように、化学物質による事故や疾病は依然として数百名を数えており、しかも化学物質の種類や用途は増加し続けている。さらに近年はビジネスのグローバル化や地球環境対策に対応した化学物質管理の世界調和が潮流となっている。これらのことから日本の化学物質管理における施策の見直しや転換の検討、事業者の自主的な対応の推進がさらに求められている。

わが国の化学物質管理に関する法規は比較的整備されてきたといえる。これには１９５０年代に始まった高度経済成長期に発生した多くの職業病や公害の経験が生かされている。ＰＣＢの災禍（カネミ油症事件）により「化学物質審査規制法」が、塩化ビニルモノマー等の災禍により労働安全衛生法関連の「特定化学物質等障害予防規則」が制定された例などはその典型であろう。このように多くの日本の化学物質管理に関する法規は大きな事故や疾病の発生を契機として作られてきたといってもよい。これらの法規は使用する際の災害リスクを少なくする、あるいは病気の早期発見を目的として制定されており、化学物質管理体制の構築、危険性・有害性の評価、施設要件、取扱方法、貯蔵法、局所排気装置の設置、個人用保護具の使用、健康診断等について規定しており、事業者はこれらの法規を順守することで化学物質による事故や病気の予防に取り組んできた。各分野の目的に応じて多くの化学物質管理に関わる法律が制定されてきた。

ここでは、化学物質管理に関して総合的に、すなわち管理体制の構築から危険性・有害性の把握、情報の伝達、取扱い方法、貯蔵方法、工学的対策、個人用保護具、健康診断に至るまで規定している法律として労働安全衛生法を少し詳しく紹介する。

【労働安全衛生法の概観】

労働安全衛生法（安衛法）を見ると化学物質管理において考慮しなければならない事項が大概理解できる。安衛法は１９７２年（昭和47年）に労働基準法第５章（安全及び衛生）、労働災害防止団体等に関する法律第２章（労働災害防止計画）及び第４章（特別規制）を母体として新規事項を加え制定された。

安衛法の目的は第１条に「この法律は、労働基準法と相まって、労働災害の防止のための危害防止基準の確立、責任体制の明確化及び自主的活動の促進の措置を講ずる等その防止に関する総合的計画的な対策を推進することにより職場における労働者の安全と健康を確保するとともに、快適な職場環境の形成を促進することを目的とする。」とある。

内容は、第１章「総則」（目的、事業者等の責務など）、第２章「労働災害防止計画」（労働災害防止計画の策定）、第3章「安全衛生管理体制」（安全／衛生管理者、産業医、安全／衛生委員会など）、第4章「労働者の危険又は健康障害を防止するための措置」（事業者の講ずべき措置等、元方事業者の講ずべき措置等など）、第5章「機械等並びに危険物及び有害物に関する規制」（製造の許可、製造等の禁止、表示等、文書の交付等、化学物質の有害性の調査など）、第6章「労働者の就業に当たっての措置」（安全衛生教育、就業制限など）、第7章「健康の保持増進のための措置」（作業環境測定／結果の評価等、作業の管理、健康診断、健康診断実施後の措置、保健指導等、病者の就業禁止、健康教育等など）、第7章の2「快適な職場環境の形成のための措置」（事業者の講ずる措置、快適な職場環境の形成のための指針の公表等など）、第8章「免許等」、第9章「事業場の安全又は衛生に関する改善措置等」（特別安全衛生改善計画、（労働安全／衛生コンサルタントの）業務など）、第10章「監督等」、第11章「雑則」、第12章「罰則」からなる。

【労働安全衛生関連法令】

労働安全衛生法に関連する法令で化学物質等に関係したものとしては以下のようなものがある。労働安全衛生法施行令（安衛令）、労働安全衛生規則、有機溶剤中毒予防規則（有機則）、鉛中毒予防規則、四アルキル鉛中毒予防規則、特定化学物質障害予防規則、電離放射線障害防止規則、酸素欠乏症等防止規則、粉じん障害防止規則、石綿障害予防規則、事務所衛生基準規則等。そしてさらにこれらに関連した多くの指針や通達が出されている。

これらの規則のうち、例として有機則をみると、その内容は第1章「総則」（（有機溶剤の種類、有機溶剤業務の）定義等、適用の除外、など）、第2章「設備」（第一種有機溶剤等又は第二種有機溶剤等に係る設備、短時間有機溶剤業務を行う場合の設備の特例など）、第3章「換気装置の性能等」（局所排気装置のフード等、局所排気装置の性能、全体換気装置の性能など）、第4章「管理」（有機溶剤作業主任者の選任／職務、局所排気装置の定期自主検査、有機溶剤等の区分の表示、タンク内作業、事故の場合の退避等など）、第5章「測定」（測定、評価の結果に基づく措置など）、第6章「健康診断」（健康診断、健康診断の結果など）、第7章「保護具」（送気マスク、有機ガス用防毒マスク又は有機ガス用の防毒機能を有する電動ファン付き呼吸用保護具の使用、保護具の数等、労働者の使用義務など）、第8章「有機溶剤の貯蔵及び空容器の処理」（有機溶剤等の貯蔵、空容器の処理）、第9章「有機溶剤作業主任者技能講習」となっており、有機溶剤の取扱いに関する措置が詳細に規定されていることがわかる。

これらの法令の特徴は、その名称からも明らかなように、化学物質やそれらを扱う業務を特定（限定）して規定していることであり、有機則を例にとれば、安衛令において作業環境測定を行うべき作業場および有機溶剤の種類、また健康診断を行うべき有害な業務とされる場所及び有機溶剤を定めている。

また、安衛法はその目的にも書かれているとおり、災害の防止を目的としており、そのための方策や措置が規定されているが、実際に業務や通勤で災害にあった場合の補償については「労働者災害補償保険法」があり、休業補償、障害補償、遺族補償、葬祭料、傷病補償、介護補償などの給付が受けられるようになっている。

このように化学物質管理に関してさまざまな角度から規制がなされてきたが、化学物質管理において非常に重要であり欧米各国の法では規定され、日本では十分に規定されていないものがあった。それは製品の持つ危険性・有害性のラベルへの記載である。危険性・有害性がわからなければ予防や緊急時への対応ができないのであり、製品の危険性・有害性についてまず使用者に知らせることが、化学物質管理の第一歩であるにもかかわらず、日本では危険性・有害性を包括的にわかりやすく知らせるシステムが存在しなかった。これには大きく二つの問題がある。ひとつは全ての危険有害な化学物質を対象とする法規制がないこと、もうひとつは危険性・有害性をわかりやすく伝えるシステムが十分でないことである。

前者については、わが国の災害対策の措置に重きをおき物質を限定した規制の成り立ちに原因があることはすでに述べた。前述の労働安全衛生法を例に取ると、ラベルに危険性・有害性に関する情報の記載を義務付けられている物質数は数十年間約１００のみであった。しかもこれには違反した場合の罰則規定（安衛法第１１９条）があり、６カ月以下の懲役または50万円以下の罰金が科せられる。罰則の規定は法の順守という点では効果があるが、できるだけ多くの化学物質について危険性・有害性情報を伝えるという点では足かせになっているといえる。さらに、他に危険性・有害性情報の提供を規定している法律は稀有である。

後者の問題は、少なくとも規制対象物質についてはある程度の表示制度があり、例えば毒物及び劇物取締法では毒物に対しては「医薬用外毒物」の文字が赤地に白抜きの文字で、劇物に対しては「医薬用外劇物」の文字が白地に赤文字で示され、消防法では引火性液体に対して「火気厳禁」と記載され、「危険物第四類引火性液体」のように分類が記載される場合もあるが、これらの用語は全ての化学物質を取り扱う者を対象とした内容ではなく、当該法律に関する有資格者などの専門家でなければ理解できないという点にある。また、日本で見られるほとんどのラベルでは「注意書き」（例、火花のような着火源から遠ざけること、禁煙、保護眼鏡を着用すること）は記載されているが、それら注意書きの源である「危険性・有害性情報」（例、引火性の高い液体、強い眼刺激）は記載されていない。また安全データシート（ＳＤＳ）は数百の物質についてその交付が義務付けられていたが、多くの調査結果が実際の労働者教育にＳＤＳを活用していた事業場数は多くはないことを示している。

　現在では「化学物質の危険性・有害性」に関して、供給する側の「知らせる義務」や使用する側の「知る権利」については当然のことのようにいわれているが、その実行は簡単ではない。日本ではアスベストによる肺がんや悪性中皮腫の災禍が大きくなっているが、この背景には「知らせる義務」も「知る権利」のどちらも社会的な通念として発達してこなかったことがあるように思えてならない。１９８０年代にはアスベストの有害性は知られていたが、行政も、会社も、労働組合も、消費者団体も、マスコミも、学会も、アスベストの健康被害に関する予防対策を一大キャンペーンとすることはなかったように思う。例えば日本産業衛生学会では２００６年に「石綿問題に関する本学会の見解について」をホームページに掲載し、この中で「科学的な意見の集積はかなり行われたが、社会医学的に行政や産業界に対し、予防対策を働きかけるところまでは機能しなかった本学会活動については、反省すべきであると考える。」と言う声明を発表している。１９７０年代までわが国ではさまざまな職業病が発生し、行政、企業、研究者はその対応に追われたが、それらの多くは比較的短期に生じる疾病やじん肺などすでに知られている慢性疾患がほとんどであった。当時大量使用が始まったアスベストが30年後に大きな災禍につながるという認識は、多くの研究者に共通したものではなかったように思われる。

なぜ、わが国ではＧＨＳ（化学品の分類および表示に関する世界調和システム）導入に至るまで化学物質の危険性・有害性をラベル等であまねく知らせるための法規制ができなかったのであろうか。確かに１９８０年代までは、作業場での「がん原性物質」などの使用はできれば公にしたくないものであったように思われる。これは当時「がん」は不治の病であり患者本人に告知すべきものではないと考えられていたことと通じるが、それから数十年の間、がんの告知についてはだいぶ状況が変化してきているにもかかわらず、化学物質の危険性・有害性を知らせることに関しては何も変わらなかったのはなぜか。リスク管理、リスクコミュニケーションの重要性がいわれて久しいが、その根幹である危険性・有害性の情報伝達（ハザードコミュニケーション）がなおざりにされてきたのは不思議なことである。

(イ) 日本のリスクアセスメントの先駆け

わが国の労働省（現在の厚生労働省）は、昭和40年代後半に石油コンビナートにおいて相次いで爆発・火災が発生したことから、安全性の事前評価を行うための手法として、１９７６年に「化学プラントにかかるセーフティ・アセスメントに関する指針」を策定した。ここでのリスク評価の対象は工場の立地条件、設備、プロセス、教育訓練等広範囲にわたっている。化学物質の危険性・有害性に関しては、物理化学的危険性（爆発性、発火性、引火性、酸化性など）、取扱量、操作温度・圧力等の条件を点数化して危険度のランク付けを行うようになっている。ただし毒性については、点数化は行わず定性的な判定のみである。

また健康障害については、２０００年３月31日に安衛法第58条第２項（現在は第57条の３第３項）に基づく「化学物質等による労働者の健康障害を防止するため必要な措置に関する指針」が公表され、この中にリスク評価が含まれた。

特別規則の対象となっていない物質でも災害を起こしうる物質が多く存在することから、２００６年には安衛法第28条の２が新設・施行され、労働安全衛生マネジメントシステムの考え方（リスクアセスメントに基づいた化学物質管理）が取り入れられ、さらに危険性・有害性に関する情報はＧＨＳに基づくこととなった。しかし２００６年当時リスクアセスメントの前提となる危険性・有害性に関する情報の収集及びその伝達を規定する安衛法第57条及び第57条の２は十分に機能していなかった。

(ウ)　ＧＨＳの導入

本章の(3)(ア)で述べたように、化学物質管理において日本が欧米と大きく異なる点として、労働者に化学物質の危険性・有害性を伝えるシステムが未整備であったことが挙げられる。欧州では1970年代にすでに製品の危険性・有害性を表示しなければ市場に出してはならないという規定（理事会指令）[*1]があり、米国では1980年代初めには労働者に危険性・有害性を知らせるため「危険有害性周知基準」[*2]が制定されていた。これらの規制の源になっているのは危険性・有害性情報に関する、供給する側の「知らせる義務」であり、使用する側の「知る権利」であり、それは法によらなければ達成できないという認識である。

日本では高度経済成長期に多くの公害や労働災害を経験したにもかかわらず、それらを防止するために最も基本的な危険性・有害性情報の収集や伝達に関する法令が整備されなかったのは不思議である。危険性・有害性がわからなければ予防や緊急時への対応ができないのであり、製品の危険性・有害性についてまず使用者（労働者や消費者）に知らせることが、化学物質管理の第一歩であるにもかかわらず、日本ではこれを包括的（物理化学的危険性、健康有害性、環境有害性などをまとめて）に、わかりやすく知らせるシステムが整備されていなかった。

国連GHS文書が出された2003年当時、日本における多くの化学物質管理に関する法令のなかで、健康有害性を包括的にわかりやすく表示することを求めていたのは安衛法（第57条）[*3]だけであった。厚生労働省は2006年4月に改正安衛法を施行し、第57条による99物質の表示を、さらに第57条の2による640物質のSDSをGHSにしたがって作成してもよいとした（実際には、GHSに基づいて策

＊1　**EEC Council Directive**：https://eur-lex.europa.eu/legal-content/EN/TXT/PDF/?uri=CELEX:31967L0548&from=en

＊2　**Hazard Communication Standard**：https://www.osha.gov/dsg/hazcom/

＊3　**労働安全衛生法**：https://elaws.e-gov.go.jp/document?lawid=347AC0000000057

定された日本産業規格（ＪＩＳ）Ｚ７２５２：２０１９及びＺ７２５３：２０１９にしたがって、それぞれ分類、表示及びＳＤＳ交付を行えばよいとされている[*1]）。

ＩＬＯ第１７０号化学物質条約[*2]を批准していない日本において、国連ＧＨＳ文書を安衛法に導入したことは労働安全衛生行政にとって画期的なことであった。この安衛法の改正によりＧＨＳが化学物質の危険性・有害性に関する情報伝達の基礎と位置付けられたことは、情報伝達システムの構築のみならず化学物質の自律的な管理への道を拓くものであった。

一方、日本はＧＨＳを最も早く国内法及び規格に導入した国の一つであったが、対象物質が限定されていたという点において、あまりにも不完全な導入であった。

２０１２年４月１日には、安衛法第57条で規定する化学物質等を除いた、全ての危険有害な化学物質等に対する表示とＳＤＳ交付を努力義務とする、改正労働安全衛生規則（安衛則：第24条の14（表示）、第24条の15（ＳＤＳ））[*3]が施行された。

安衛法第57条における表示及びＳＤＳ交付は義務であるのに対して、改正安衛則のそれは努力義務であるために、改正安衛則では法第57条で規定する化学物質等を除いている。つまり安衛法関連では、重複を避け、全ての危険有害な化学物質に対して、表示あるいはＳＤＳで情報伝達をするということが規定された。

日本で２０２３年10月現在ＧＨＳの導入に対して何らかの対応が示された法規は、安衛法、安衛則、特定化学物質の環境への排出量の把握等及び管理の改善の促

＊1　平成18年10月20日付け基安化発1020001号「労働安全衛生法等の一部を改正する法律等の施行等（化学物質等に係る表示及び文書交付制度の改善関係）に係る留意事項について」
＊2　**Labour standards**：https://www.ilo.org/global/standards/lang--en/index.htm
＊3　**労働安全衛生規則**：https://elaws.e-gov.go.jp/document?lawid=347M50002000032

表1.6　ラベルとSDS を規定している関連法規とその対象物質数（2023年10月現在）

	ラベル【根拠条文等】（改正日）	SDS【根拠条文等】（改正日）
安衛法	667物質－**義務** 【法第57条】（1972.6.8）（2016.6.1）改正	667物質－**義務** 【法第57条の２】（1999.5.21）（640物質）（2016.6.1）改正
安衛則	危険有害化学物質等－**努力義務** 【安衛則第24条の14】 （2012.1.27）	特定危険有害化学物質等－**努力義務** 【安衛則第24条の15】 （2012.1.27）
化管法	指定化学物質（第１種462、第２種100）－**努力義務** 【指定化学物質等の性状及び取扱いに関する情報の提供の方法等を定める省令】 （2012.4.20）	指定化学物質（第１種462、第２種100）－**義務** 【指定化学物質等の性状及び取扱いに関する情報の提供の方法等を定める省令】 （2012.4.20）
毒劇法	583物質（毒物230、劇物353）【法第12条】【規則第11条の５及び６】	583物質（毒物230、劇物353）【施行令第40条の９】【規則第13条の12】

進に関する法律（化管法）、毒物及び劇物取締法（毒劇法）である。これらのGHSへの対応（ラベル、SDS）については**表1.6**にまとめた。日本では欧米のようにGHSがそのまま法規に導入されてはいない。GHSは日本産業規格（JIS）となり、これを法規が引用している。危険性・有害性の分類に関してはJIS Z 7252、情報伝達に関してはJIS Z 7253が制定されている。

注記　労働安全衛生法関連及び化管法関連では、ラベル及びSDSの作成はJIS Z 7253にしたがって行えば、法規で定める記載要件をおおむね満たすとしている。毒劇法関連では、2012年3月26日に「毒物及び劇物取締法における毒物又は劇物の容器及び被包への表示等に係る留意事項について」（薬食化発0326第1号）が通知されており、この中でJIS Z 7253によるラベル及びSDSの項目と法で定められた記載項目についての相違をわかりやすく解説している。

(エ) リスクアセスメントの義務化

2016年6月には安衛法第57条の3（第57条の

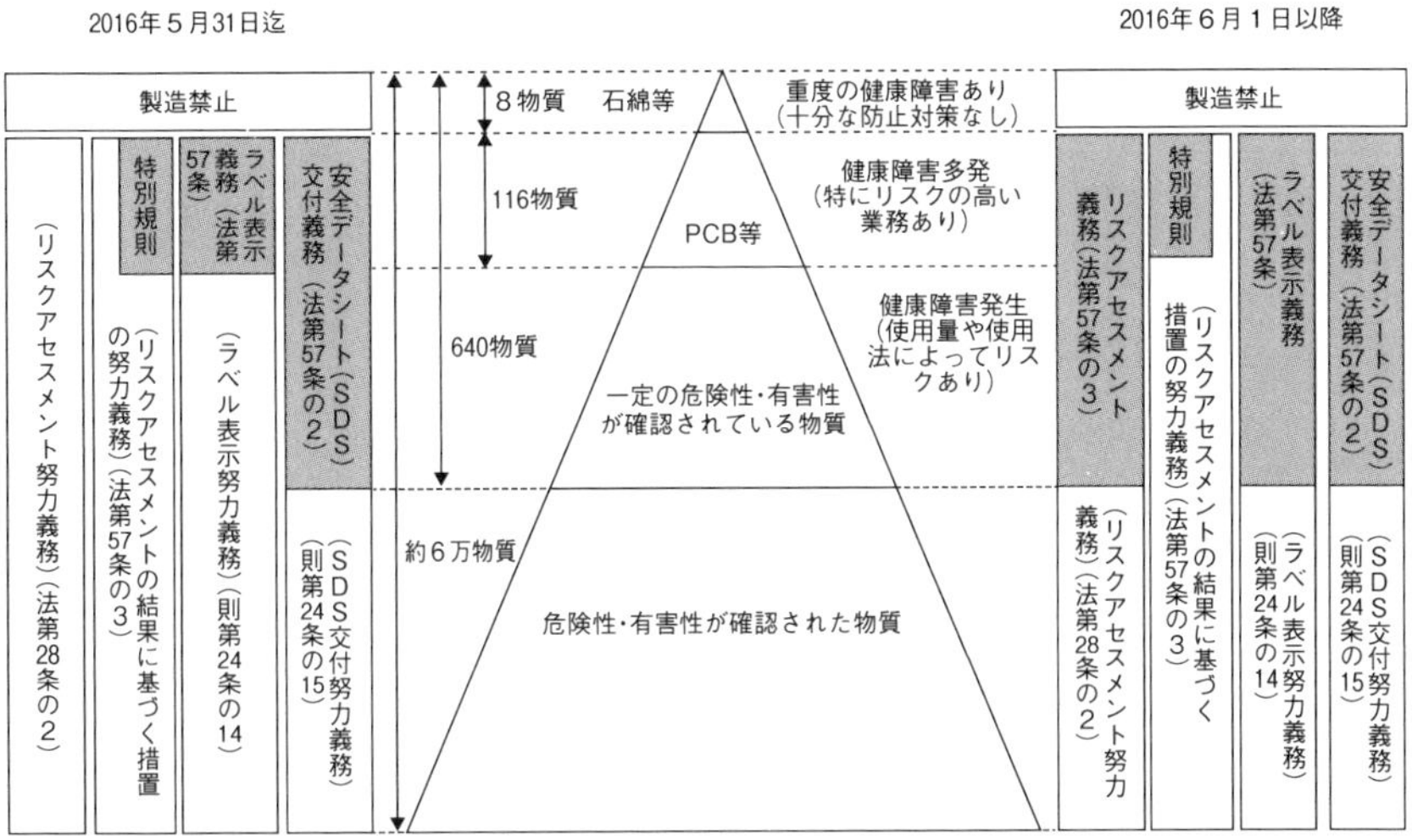

法:安衛法　則:安衛則　　(資料:厚生労働省)

図1.1　表示・SDS及びリスクアセスメント関連法令の改正

表1.7　表示・SDS及びリスクアセスメントに関する労働安全衛生法令等の施行年

項目	義務または努力義務	法令等及び施行年
表示	義務	1972年　労働安全衛生法第57条　➡　2006年GHS対応
	努力義務	2012年　労働安全衛生規則第24条の14（GHS対応）
SDS交付	義務	2000年　労働安全衛生法第57条の２　➡　2006年GHS対応
	努力義務	2012年　労働安全衛生規則第24条の15（GHS対応）
	―	2012年　化学物質等の危険性又は有害性等の表示又は通知等の促進に関する指針（2022年改正）
リスクアセスメント	―	1976年　化学プラントにかかるセーフティ・アセスメントに関する指針（2000年改正）
	―	2000年　化学物質等による労働者の健康障害を防止するため必要な措置に関する指針（2006年廃止）
	努力義務	2006年　労働安全衛生法第28条の２
	―	2006年　化学物質等による危険性又は有害性等の調査等に関する指針（2015年廃止）
	義務	2016年　労働安全衛生法第57条の３
	―	2015年　化学物質等による危険性又は有害性等の調査等に関する指針

政令で定める物質及び通知対象物質について事業者が行うべき調査等）を改正し、表示及びSDS交付が義務となっている物質について、リスクアセスメントが義務化された。この背景には印刷工場において労働者が集団で胆管がんを発症するという事案があった。この改正は、日本の化学物質管理を、リスクアセスメントを基盤とした「自律的な管理」へ向かわせる引き金になったといえよう。

安衛法第57条の３で義務がかからない物質は、同法第28条の2においてリスクアセスメントが努力義務になっている。２０１６年の同法第57条の3が制定される前後の同法の化学物質管理の体系を**図1.1**にまとめた。２０１６年6月1日以降は、表示、SDS及びリスクアセスメントに義務のかかる物質の数が一致している。これらの物質は安衛令別表第３第1号及び安衛令別表第９にリストアップされたものである。

安衛法関連で表示、SDS及びリスクアセスメントに関する法令の施行年を**表1.7**にまとめた。表示に関しては安衛法が制定された当初（１９７２年）から規定されていたが、数十年間その対象物質数が増大することはなかった。

2　自律的な管理のための改正のポイント

今回の政省令改正は、化学物質管理を従来の「法令順守型」から「自律的な管理＊」に移行するために行われたものである。これは労働者との化学物質の危険性・有害性に関する情報共有に基づき、事業者自らが選択する方法に従って化学物質管理を推進するための施策である。

今回の改正内容は多岐にわたるので、以下「情報伝達の強化」、「リスクアセスメント関連」、「実施体制の確立」、「健康診断関連」、「特別規則関連」に分けて概要を示す。これらの詳細については次章以降で説明する。

有害な化学物質の管理は長年にわたり特別規則（粉じん障害防止規則（粉じん則）、有機溶剤中毒予防規則（有機則）、特定化学物質障害予防規則（特化則）、鉛中毒予防規則（鉛則）、四アルキル鉛中毒予防規則（四アルキル則）を基本として行われてきたと言っても過言ではない。一方、近年の労働災害のほとんどはこれらの特別規則対象外の物質で起きている。

特別規則の「法令順守型」の管理は、「自律的な管理」とは基本的に矛盾する点が多く、また特定の物質に偏った対策は資源の適正な配分を妨げている側面もある。

＊　「自律的な管理」とは法令では枠組みを定めて、実際の管理のための方策は事業者自らの判断によって行うという仕組みであり、一から全てを事業者が決めるという仕組みではない。

●情報伝達の強化

化学物質管理において、その関係者間での物質の持つ危険性・有害性に関する情報の共有は最上位に位置する、すなわちまず初めに行うべきものである。物質の開発者あるいは製造者であればその事業場内労働者の健康維持のために、また供給者（譲渡・提供者）であれば供給先の労働者の健康維持のために、ラベル表示及びＳＤＳ交付によって物質の危険性・有害性を伝える義務がある。物質の危険性・有害性はその情報を持っている製造者または供給者が発信しない限り、物質を受け取る者（取扱い事業者）は知るすべがない。これが物質の危険性・有害性に関する情報発信が義務化される理由である。欧米では基本的にＧＨＳ＊に基づいた分類で危険性・有害性があると判断された全物質について、情報提供が義務化されているが、日本ではラベル及びＳＤＳによる情報提供が義務化されている物質が限定されていることから、徐々に物質数が増加されることとなった。

　ＳＤＳ交付対象物質の大幅な増加及び情報技術の多様化を鑑み、情報の通知方法をｅメールやホームページ掲載による通知も可能とするなど柔軟化された。また「人体に及ぼす作用」の定期的な確認、ＳＤＳ等における成分の含有率表示の適正化が図られたほか、事業場内で別容器に保管する際の表示などについても改正された。

●リスクアセスメントに基づく自律的な化学物質管理の強化

従来の特別規則では特定された危険性・有害性のある物質に対して作業主任者の選任、

＊　4頁を参照

局所排気装置の設置、作業環境測定の実施、保護具の備え付け・使用、特殊健康診断の実施などが義務付けられている。これらは一律の規定であり、一部を除き作業環境のリスクに応じた対応は考慮されていない。特定された一部の物質（１２３物質）についての管理は行き届いたものになり得たが、その他数多の物質についての管理は不十分なままである。すでにリスクアセスメントが義務となっている６６７物質（２０２３年10月現在）についても、管理が十分に行われているとは言い難い状況である。

今後、ラベル表示、ＳＤＳ交付の義務対象となる物質数は増加し、これら全てが同時にリスクアセスメント義務対象となる。リスクアセスメントは取扱い物質の危険性・有害性の調査、ばく露濃度の調査等（作業環境測定、個人ばく露測定、推定法等）により行うが、これらの方法は事業者が選択できる。またリスクアセスメントに基づいたばく露防止対策も事業者が選択して実施できることになる。これにより、これまで限定された物質に偏重して費やしてきた経営資源を、事業者の優先順位に基づいて活用できるようになる。リスクアセスメント義務対象物質以外で、ＧＨＳ分類により危険性・有害性が明らかになっている物質は、これまで同様にリスクアセスメントは努力義務である。

屋内作業における吸入ばく露の指標となる濃度基準値（屋内作業に限る）を国が定めているので、事業者は労働者のばく露がこれを下回るような対策を実施しなければならない。労働者のばく露濃度の程度を評価するためには実測が推奨されるが、必ずしも実測に依らない方法

（CREATE-SIMPLEによる推定、記述的な評価等）でもよい。実測の手法としては従来から日本に定着している作業環境測定も活用し、新たに個人ばく露濃度測定、簡易測定等が導入される。濃度基準値が定められていない有害性がある物質についても、ばく露を低くする措置が求められる。皮膚への刺激性・腐食性・皮膚吸収による健康影響が懸念される物質については保護眼鏡、保護手袋、保護衣等の使用が求められる。

事業者は労働者に取扱い物質の危険性・有害性に関する教育を行い、さらにリスクアセスメントに労働者を参画（意見の聴取等）させなければならない。これにより労働者における物質の危険性・有害性に関する認識が一段と進み、リスクアセスメントのみならずリスク低減措置もより作業現場の状況を的確に捉えたものになることが期待される。

事業者は、事業場内での化学物質管理状況をモニタリングするために、衛生委員会での実施状況の共有及び調査審議（50人以上）または全ての労働者との実施状況の共有及び労働者からの意見聴取（50人未満）を行わなければならない。リスクアセスメントの方法、その結果、及びリスクアセスメントに基づく措置の実施状況等は記録し保存しなければならない。

「自律的な管理」においても何らかの監視は必要とされる。危険性・有害性に関する情報伝達はラベル表示及びＳＤＳ交付により行われ、自律的な管理の実施状況は記録されなければならない。これらは必要に応じて労働基準監督官によって確認されるであろう。従来から労働災害は労働基準監督署に届け出ることになっており、特に今回の改正では、労働災害の発生またはそのおそれのある事業場は、労働基準監督署長が必要と認めた場合には、外部専門家により自律的な管理の実施状況に関して確認・指導を受けることが義務付けられる。

●事業場内実施体制の確立

現在、作業環境測定士、衛生管理者、作業主任者、職長、オキュペイショナル・ハイジニスト、労働衛生コンサルタント、産業医など化学物質管理に係る専門家がすでに制度化されているが、化学物質の管理において重要な危険性・有害性情報の情報共有やリスクアセスメントに関する教育が十分に行われてきたとは言い難い。特に小規模事業場においては、化学物質の危険性・有害性に関する情報を理解している労働者の割合が低いとのデータがある（**表2.1**）。今後この情報共有を基盤として、リスクアセスメントを促進するシステムが必要であり、これを担当する化学物質管理者の選任義務が定められた。

リスクアセスメントの義務がかかる化学物質を製造もしくは取り扱う事業場では、その規模にかかわらず、化学物質管理者を選任しなければならない。化学物質管理者の職務は、ラベル表示・ＳＤＳの確認、リスクアセスメントに係る業務、労働者の教育、災害発生時の対応などである。またばく露防止のために保護具（呼吸用保護具、保護衣、保護手袋等）の使用が必要な事業場では、保護具着用管理責任者を選任しなければならない。

雇入れ時・作業内容変更時の危険有害業務に関する教育が全業種に拡大される。また職長教育が食品製造業及び印刷業等に拡大される。

以上、労働者の参加、労働者に対する教育及び保護の拡大により、労働者が健康で働く権利

表2.1　中小企業における化学物質管理の状況

企業規模が小さいほど、法令順守状況が不十分な傾向にあり、
労働者の有害作業やラベル、SDSに対する理解度が低い

企業規模	特殊健康診断（実施率、%）		作業環境測定（実施率、%）		リスクアセスメント（実施率、%）
	有機溶剤	特定化学物質	有機溶剤	特定化学物質	
5,000人以上	62.5	84.8	97.7	97.3	59.6
1,000〜4,000人	37.0	68.4	95.8	96.9	62.5
300〜999人	49.6	75.7	95.6	96.5	53.6
100〜299人	63.5	67.8	90.4	94.6	40.8
50〜99人	65.5	71.5	84.3	96.2	52.4
30〜49人	52.1	41.3	74.7	70.1	30.1
10〜29人	52.2	52.2	63.3	75.7	29.4

企業規模	有害業務に従事している認識がある割合（%）	有害業務に関する教育または説明を受けた経験がある割合（%）	SDSがどのようなものか知っている割合（%）	ラベルがどのようなものか知っている割合（%）
5,000人以上	73.4	66.2	76.7	61.7
1,000〜4,000人	72.1	59.7	74.2	58.3
300〜999人	74.4	48.4	65.7	51.2
100〜299人	71.3	55.9	48.9	41.1
50〜99人	56.4	50.1	39.8	34.1
30〜49人	59.7	40.5	32.8	28.3
10〜29人	52.5	37.7	35.6	26.5

（資料：2018年労働安全衛生調査（実態調査）、2014年労働安全衛生調査（労働環境調査））

がより確実に担保されるであろう。

●健康診断関連

今後、健康診断の要否は事業者がリスクアセスメントの結果に基づいて決定する。

また、労働者が濃度基準値を超えてばく露した可能性がある場合には、健康診断を実施しなければならない。

同一事業場で同じ種類の複数のがん罹患者が1年以内に発生した場合、医師により業務起因性が疑われるとされた場合には、事業者は所轄労働局長に報告することが義務付けられる。

近年の職場における化学物質

によるがんの集団発生の事例に鑑みて、がん等遅発性の疾病を早期に発見・把握するため、また長期のばく露による影響を把握するために健康診断や作業記録の保存が義務づけられる。

特殊健康診断（有機溶剤、鉛、四アルキル鉛、特定化学物質（特別管理物質除く））は将来的には廃止されるであろう。

●特別規則関連

・管理水準良好事業場の特別規則適用除外

特別規則（粉じん則、有機則、特化則、鉛則、四アルキル鉛則）で規制されている物質（１２３物質）の管理は、２０２４年から5年後を目途に廃止し、自律的な管理に移行することが計画されている。これ以前であっても、一定の要件を満たしていると所轄労働局長に認定された事業場では、これらの物質の管理は「自律的な管理」に移行することができる。これらにより限定された物質に偏っていた資源を、事業者の優先順位に基づいて有効活用できるようになる。

・第三管理区分事業場の措置強化

作業環境測定結果が第三管理区分である事業場に対して、工学的対策や保護具の使用等ばく露防止対策が強化される。

・特殊健康診断実施頻度の緩和

特別規則に基づく6月以内ごとの健康診断を、一定の要件を満たせば、1年以内ごとに1回とすることが可能となる。

表2.2　政省令改正項目、施行時期及び詳細記載の章

	項目及び根拠法令	施行日 2023.4.1	施行日 2024.4.1	詳細 記載章
情報伝達の強化	名称等の表示・通知をしなければならない化学物質の追加（法第57条、法第57条の２、令別表第９）		○	3(2)
	SDS等による通知方法の柔軟化（則第24条の15第１項～第２項、則第34条の２の３）	2022.05.31		3(3)
	「人体に及ぼす作用」の定期確認及び更新（則第24条の15第２項、則第34条の２の５第２項）	○		3(4)
	通知事項の追加及び含有率表示の適正化（則第34条の２の４、則第34条の２の６）		○	3(5)
	事業場内別容器保管時の措置の強化（則第33条の２）	○		3(6)
	注文者が必要な措置を講じなければならない設備の範囲の拡大（令第９条の３第２号）	○		3(7)
リスクアセスメント関連	ばく露を最小限度にすること（則第577条の２第１項、則第577条の３）	○		3(1)
	ばく露を濃度基準値以下にすること（則第577条の２第２項）		○	4(2)
	ばく露低減措置等の意見聴取、記録作成・保存、周知（則第577条の２第10項～第12項）	○		4(2)
	化学物質への直接接触の防止（則第594条の３） 健康障害を起こすおそれのある物質への接触防止（則第594条の２）	○	○	4(3)
	リスクアセスメント結果等に係る記録の作成及び保存（則第34条の２の８）	○		4(4)
	リスクアセスメントの実施時期（則第34条の２の７第１項）	○ 用語の変更		—
	リスクアセスメントの方法（則第34条の２の７第２項）	○ 用語の変更		4(1)
	化学物質労災発生事業場等への労働基準監督署長による指示（則第34条の２の10）		○	4(5)
実施体制の確立	化学物質管理者の選任義務化（則第12条の５）		○	5(1)
	保護具着用管理責任者の選任義務化（則第12条の６）		○	5(1)
	雇入れ時等教育の拡充（則第35条）		○	5(1)
	職長等に対する安全衛生教育が必要となる業種の拡大（令第19条）	○		5(1)
	衛生委員会付議事項の追加（則第22条第11号）	○		5(2)

健康診断関連	リスクアセスメント等に基づく健康診断の実施・記録作成等 (則第577条の２第３項～第10項)		○	6(2)～(9)
	がん原性物質の作業記録の保存、周知 (則第577条の２第11項)	○		6(9)
	化学物質によるがんの把握強化 (則第97条の２)	○		6(10)
特別規則関連	管理水準良好事業場の特別規則適用除外 (特化則第２条の３、有機則第４条の２、鉛則第３条の２、粉じん則第３条の２)	○		7(1)
	特殊健康診断の実施頻度の緩和 (特化則第39条第４項、有機則第29条第６項、鉛則第53条第４項、四アルキル則第22条第４項、)	○		6(13) 7(2)
	第三管理区分事業場の措置強化 (特化則第36条の３の２、同第36条の３の３、有機則第28条の３の２、同第28条の３の３、鉛則第52条の３の２、同第52条の３の３、粉じん則第26条の３の２、同第26条の３の３)		○	7(3)

法：安衛法　令：安衛令　則：安衛則

3　危険性・有害性に関する情報伝達の強化

(1) 自律的な管理における化学物質規制のしくみ

これまでの化学物質管理の体系は**図3.1**のような製造・使用等の禁止物質を頂点とした化学物質管理の模式図で表されてきた。すなわち過去において重篤な健康障害を起こし製造・使用等が禁止あるいは制限されている物質を頂点に、特別規則対象物質、ラベル表示・ＳＤＳ交付・リスクアセスメント対象物（リスクアセスメントの義務がかかる物質をこのように呼ぶ）、ついで許容濃度等が示されている物質、ＧＨＳ分類において危険性・有害性がある物質であり、それぞれに対して規制がかけられていた。

自律的な管理における体系は、**図3.1**のような枠組みによる表現は適当ではないことから、**図3.2**のように表されることになった。

今後、ラベル表示、ＳＤＳ交付、リスクアセスメント等義務対象物質が大幅に増加するが、これまでに国がＧＨＳ分類を行いモデルラベル及びモデルＳＤＳが作成されているものの、現在はこれらの義務対象外である約１７００物質が数年かけて追加される。また国は、これらのうち既存の許容濃度あるいはＡＣＧＩＨの許容限界値等が定められている物質について、これらを参考に数年かけて濃度基準値を設定する。

事業者は、リスクアセスメント対象物に労働者がばく露される程度を最小限にしなければな

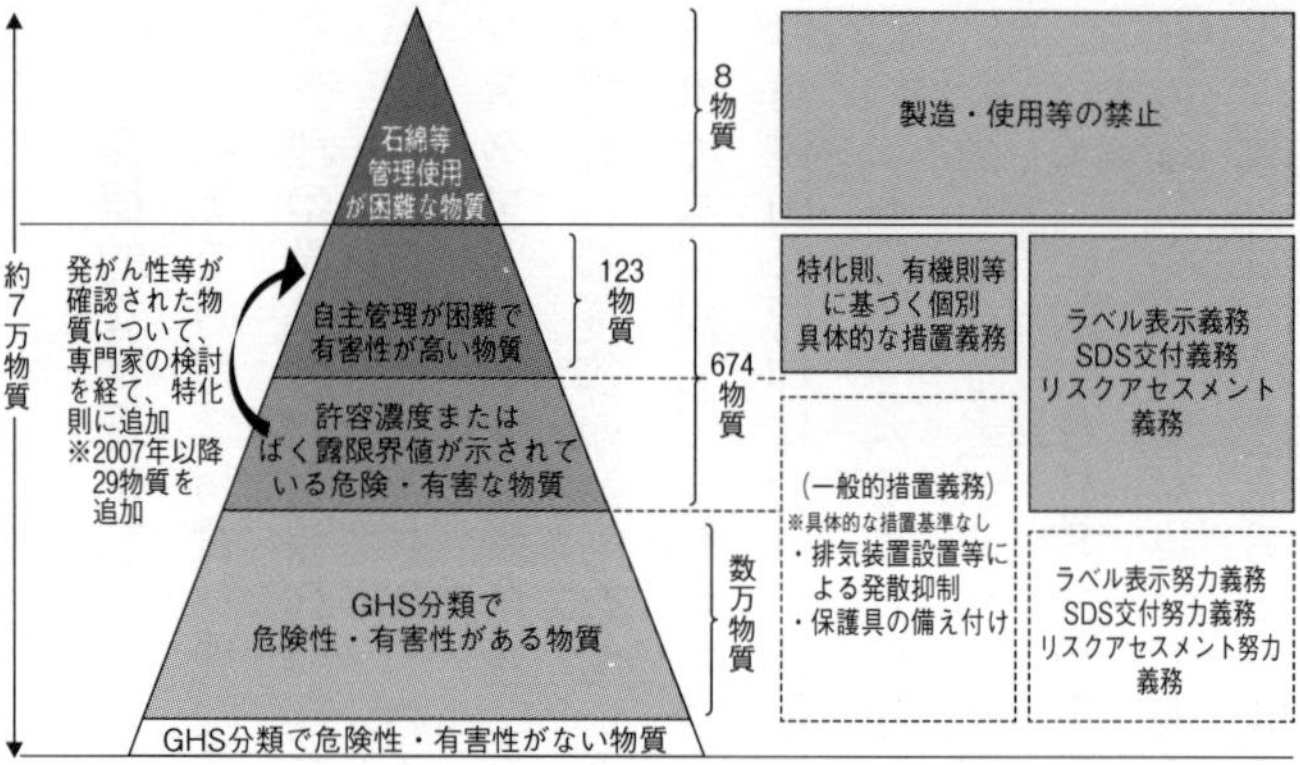

(資料:厚生労働省)

図3.1　従来の化学物質管理の体系

■措置義務対象の大幅拡大。国が定めた管理基準を達成する手段は、有害性情報に基づくリスクアセスメントにより事業者が自ら選択可能
■特化則等の対象物質は引き続き同規則を適用。一定の要件を満たした企業は、特化則等の対象物質にも自律的な管理を容認

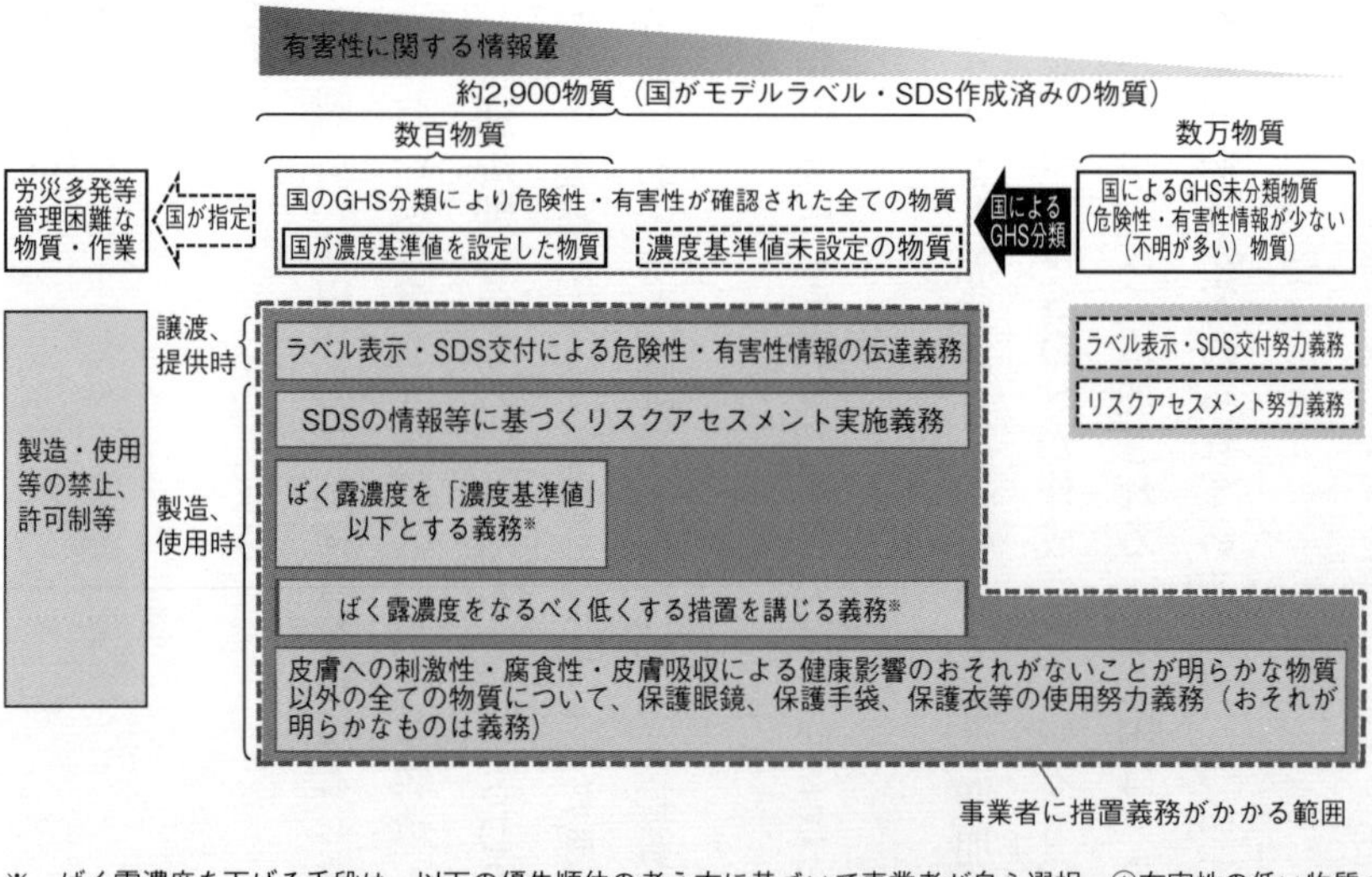

※　ばく露濃度を下げる手段は、以下の優先順位の考え方に基づいて事業者が自ら選択。①有害性の低い物質への変更、②密閉化・換気装置設置等、③作業手順の改善等、④有効な呼吸用保護具の使用

(資料：厚生労働省)

図3.2　自律的な管理における化学物質管理の体系

らない。また、濃度基準値（現状では気中濃度のみ設定）が設定された物質に関しては、労働者のばく露レベルがそれ以下となるようにしなければならない。皮膚への刺激性・腐食性あるいは皮膚吸収による健康影響が懸念される物質については、労働者に保護眼鏡、保護手袋、保護衣等を使用させなければならない。

製造・使用等の禁止等の物質については、これらの措置は継続される。なお、国が新たにＧＨＳ分類を行い危険性・有害性が確認された物質については、ラベル、ＳＤＳ及びリスクアセスメントの義務対象物質となり、上記と同様の措置が検討される。国によるＧＨＳ未分類物質で、危険性・有害性があるものについては、ラベル表示、ＳＤＳ交付及びリスクアセスメントは努力義務となる。

以下、情報伝達の強化に関する背景及び改正の概要について説明する。

(2)　情報伝達対象物質の増加

現在日本における化学物質の危険性・有害性の分類、ラベル、ＳＤＳはＧＨＳに基づいており、今回の政省令改正においてさらにその重要性が増した。

今後情報伝達及びリスクアセスメントが義務となる物質は労働安全衛生法施行令及び労働安全衛生規則に列挙され、それらの物質の裾切り値は厚生労働省告示に定められる。当該物質を裾切り値以上含む混合物もラベル、ＳＤＳ及びリスクアセスメントの対象となる。これまで及びこれからのラベル表示、ＳＤＳ交付及びリスクアセスメント対象物質数を**表3.1**にまとめた。

表3.1　情報伝達及びリスクアセスメント対象物質数の増加

項目	義務または努力義務	2006年	2023年	2026年？	遠未来？
ラベル表示	義務	99物質	667物質	約2,300物質	危険有害な全物質
	努力義務	―	危険有害な全物質	危険有害な全物質	―
SDS交付	義務	640物質	667物質	約2,300物質	危険有害な全物質
	努力義務	―	危険有害な全物質	危険有害な全物質	―
リスクアセスメント	義務	―	667物質	約2,300物質	危険有害な全物質
	努力義務	危険有害な全物質	危険有害な全物質	危険有害な全物質	―

表3.2　今後５年間の情報伝達物質数増加のスケジュール

施行年	2024	2025	2026	2027	2028	2029
国によるGHS分類モデルラベル・SDS作成	50−100物質	50−100物質	50−100物質	50−100物質	50−100物質	50−100物質
ラベル表示・SDS交付義務化（施行予定）	234物質*	641物質	779物質	150−300物質	50−100物質	50−100物質

既存GHS分類済み物質

＊234物質：2022年２月24日の政令改正により義務化された物質は、2024年４月1日施行。

なおラベル表示の義務は安衛法第57条、SDS交付の義務は同法第57条の2、リスクアセスメントの義務は同法第57条の3に規定されている。ラベル表示の努力義務は安衛則第24条の14、SDS交付の努力義務は同規則第24条の15、リスクアセスメントの努力義務は同法第28条の2に規定されている。

今後は、国によるGHS分類が終了した物質は**表3.2**のようなスケジュールでラベル表示、SDS交付及びリスクアセスメントが義務化される予定である。

2008年のGHS導入に

際し、国は事業場支援の一環としてＳＤＳ交付義務対象約１４００物質（安衛法、化管法ＳＤＳ制度、毒劇法）について２００６年にＧＨＳ分類を開始し、２００８年には（独）製品評価技術基盤機構（ＮＩＴＥ）のホームページでこの結果を公開した。これは強制力のない分類結果であり、分類結果の使用は事業者に委ねられていた。その後も国は危険性・有害性及び使用量等を勘案して分類を継続し、２０２１年3月31日までに分類が終了した物質がＣＡＳ番号ベースで２９００あり、順次ＮＩＴＥホームページ*で公開してきた。

今回の改正によりＧＨＳ分類に基づいて危険性・有害性のある物質は漸次ラベル表示、ＳＤＳ交付及びリスクアセスメントが義務化されていく予定である。２０２４年施行の２３４物質は急性毒性、生殖細胞変異原性、発がん性、生殖毒性のいずれかが区分１のもの、２０２５年施行の６４１物質は上記以外のいずれかが区分１のもの、２０２６年施行の７７９物質は有害性が区分１以外で危険性区分があるものである（**表3.2**）。ただしこれらの分類結果について強制力はなく、事業者は必ずしもこれに従う必要はない。

２０２３年10月時点でラベル表示・ＳＤＳ交付が義務化されているものは６６７物質（２０２３年8月30日付けで６７４物質のうち7物質が削除された）であり、これに前述の追加物質をあわせても２９００物質にはならない。この違いは、ＮＩＴＥのホームページで公開されている分類済み物質は基本的に単体の物質であるのに対して、行政的な整理番号は包括的（例、安衛令別表第9第１４１号：クレゾール、ｏ-クレゾール、ｍ-クレゾール、ｐ-クレゾール）であること、さらに危険性、健康有害性、環境有害性の区分に該当

＊　https://www.nite.go.jp/chem/ghs/ghs_download.html

しないもの、環境有害性のみのものは除かれていることによる。２０２６年4月時点でリスクアセスメント対象物の数は２３１６物質である。
２０２３年以降新たに分類する物質（50～１００物質）の候補については検討中である。

(3) SDS等による通知方法の柔軟化（安衛則第24条の15、同第34条の2の3）

ＳＤＳ情報の通知手段として、相手方が容易に確認可能な方法であれば、事前に相手方の承諾を得なくても、以下の方法による通知が可能となった。伝達の方法に関しては相手の承諾は不要であるが、通知は相手方に個別に行う必要がある。

・文書の交付、磁気ディスク・光ディスクその他の記録媒体の交付
・ＦＡＸ送信、電子メール送信
・通知事項が記録されたホームページアドレス、二次元コード等を伝達し、閲覧を求める

(4)「人体に及ぼす作用」の定期確認及び更新（安衛則第34条の2の5）

ＳＤＳに係る通知事項の一つである「人体に及ぼす作用」について、通知対象物を譲渡・提供する者は、定期的に確認・更新し、変更内容の通知*を行わなければならないこととされた。

5年以内ごとに1回、記載内容の変更の要否を確認

↓

変更があるときは確認後1年以内に更新

↓

変更をしたときはＳＤＳ通知先に対し、変更内容を通知

(5) ＳＤＳ等による通知事項の追加及び含有率表示の適正化（安衛則第34条の2の4、同第34条の2の6　2024年4月1日施行）

・ＳＤＳに係る通知事項として、新たに「（譲渡提供時に）想定される用途及び当該用途における使用上の注意」が追加される

・ＳＤＳに係る通知事項の一つである「成分及びその含有量」における、成分の含有量の記載について、重量パーセントによる記載が義務付けられる。この場合の重量パーセントの通知は10％刻みの範囲をもって行うことができる。ただし特別規則対象物質はこの範囲による通知の適用を受けない。また相手方の求めがある場合には当該物の成分の含有量について通知しなければならない。

(3)(4)及び(5)をまとめると**図3.3**のようになる。

(6) 化学物質を事業場内で別容器等で保管する際の措置の強化（安衛則第33条の2）

労働安全衛生法第57条で譲渡・提供時のラベル表示が義務付けられている危険・有害物質（以下「ラベル表示対象物」という。）について、譲渡・提供時以外も、以下

＊　現在SDS交付が努力義務となっている安衛則第24条の15の特定危険有害化学物質等についても、同様の更新及び通知を努力義務とする。

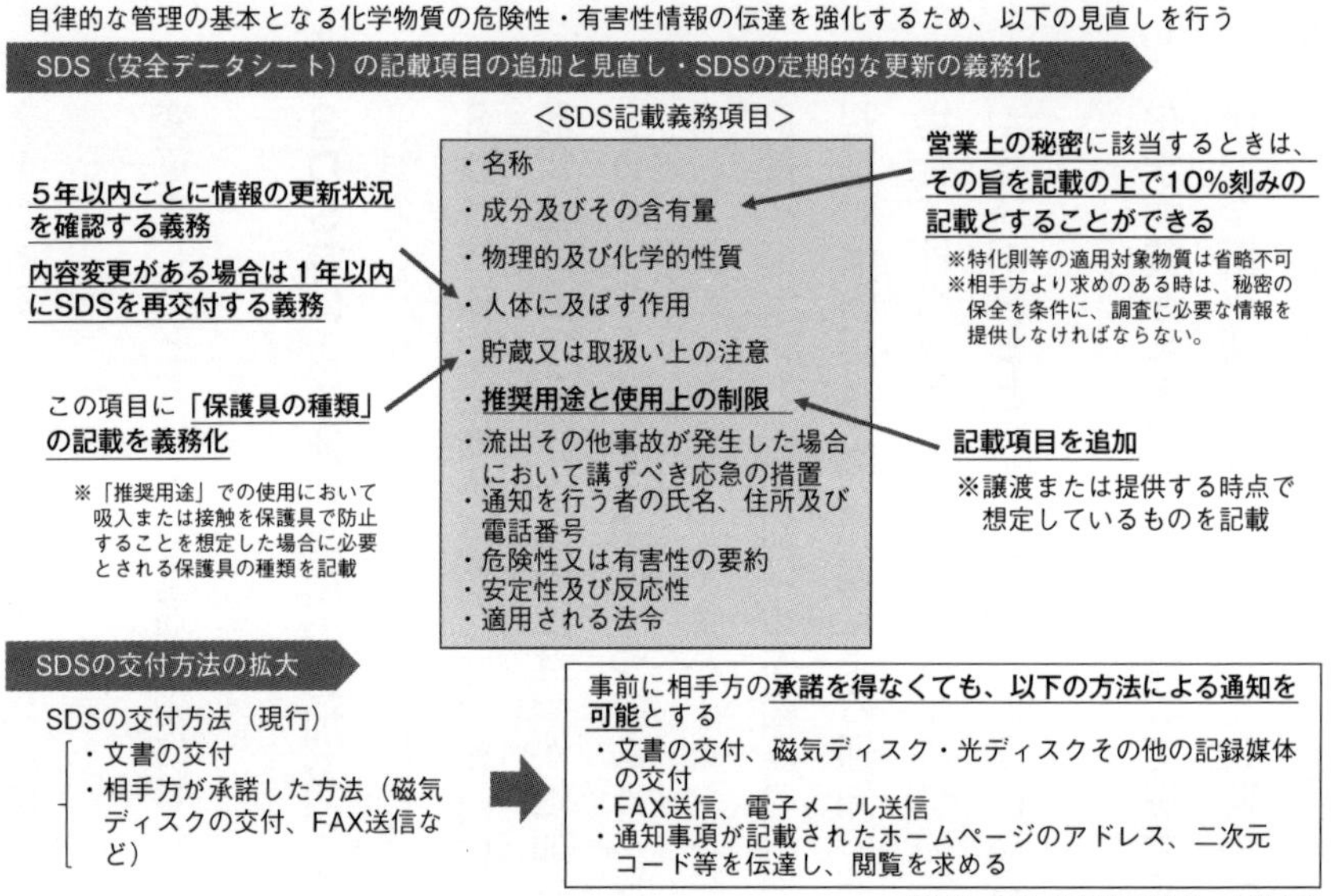
自律的な管理の基本となる化学物質の危険性・有害性情報の伝達を強化するため、以下の見直しを行う
SDS（安全データシート）の記載項目の追加と見直し・SDSの定期的な更新の義務化
＜SDS記載義務項目＞
・名称
・成分及びその含有量
・物理的及び化学的性質
・人体に及ぼす作用
・貯蔵又は取扱い上の注意
・推奨用途と使用上の制限
・流出その他事故が発生した場合において講ずべき応急の措置
・通知を行う者の氏名、住所及び電話番号
・危険性又は有害性の要約
・安定性及び反応性
・適用される法令
5年以内ごとに情報の更新状況を確認する義務
内容変更がある場合は１年以内にSDSを再交付する義務
この項目に「保護具の種類」の記載を義務化
※「推奨用途」での使用において吸入または接触を保護具で防止することを想定した場合に必要とされる保護具の種類を記載
営業上の秘密に該当するときは、その旨を記載の上で10％刻みの記載とすることができる
※特化則等の適用対象物質は省略不可
※相手方より求めのある時は、秘密の保全を条件に、調査に必要な情報を提供しなければならない。
記載項目を追加
※譲渡または提供する時点で想定しているものを記載
SDSの交付方法の拡大
SDSの交付方法（現行）
・文書の交付
・相手方が承諾した方法（磁気ディスクの交付、FAX送信など）
事前に相手方の承諾を得なくても、以下の方法による通知を可能とする
・文書の交付、磁気ディスク・光ディスクその他の記録媒体の交付
・FAX送信、電子メール送信
・通知事項が記載されたホームページのアドレス、二次元コード等を伝達し、閲覧を求める

（資料：厚生労働省資料を一部修正）

図3.3　SDSの記載及び交付に関する改正

の場合はラベル表示・文書の交付その他の方法により、内容物の名称やその危険性・有害性情報を伝達しなければならない。

・ラベル表示対象物を、他の容器に移し替えて保管する場合

・自ら製造したラベル表示対象物を、容器に入れて保管する場合

○化学物質等の危険性又は有害性等の表示又は通知等の促進に関する指針（平成24年厚生労働省告示第133号）の改正

本章(1)から(4)までの政省令改正に伴い、以下の改正が行われた。

・事業者が容器等に入った化学物質を労働者に取り扱わせる際、容器等に表示事項をすべて表示することが困難な場

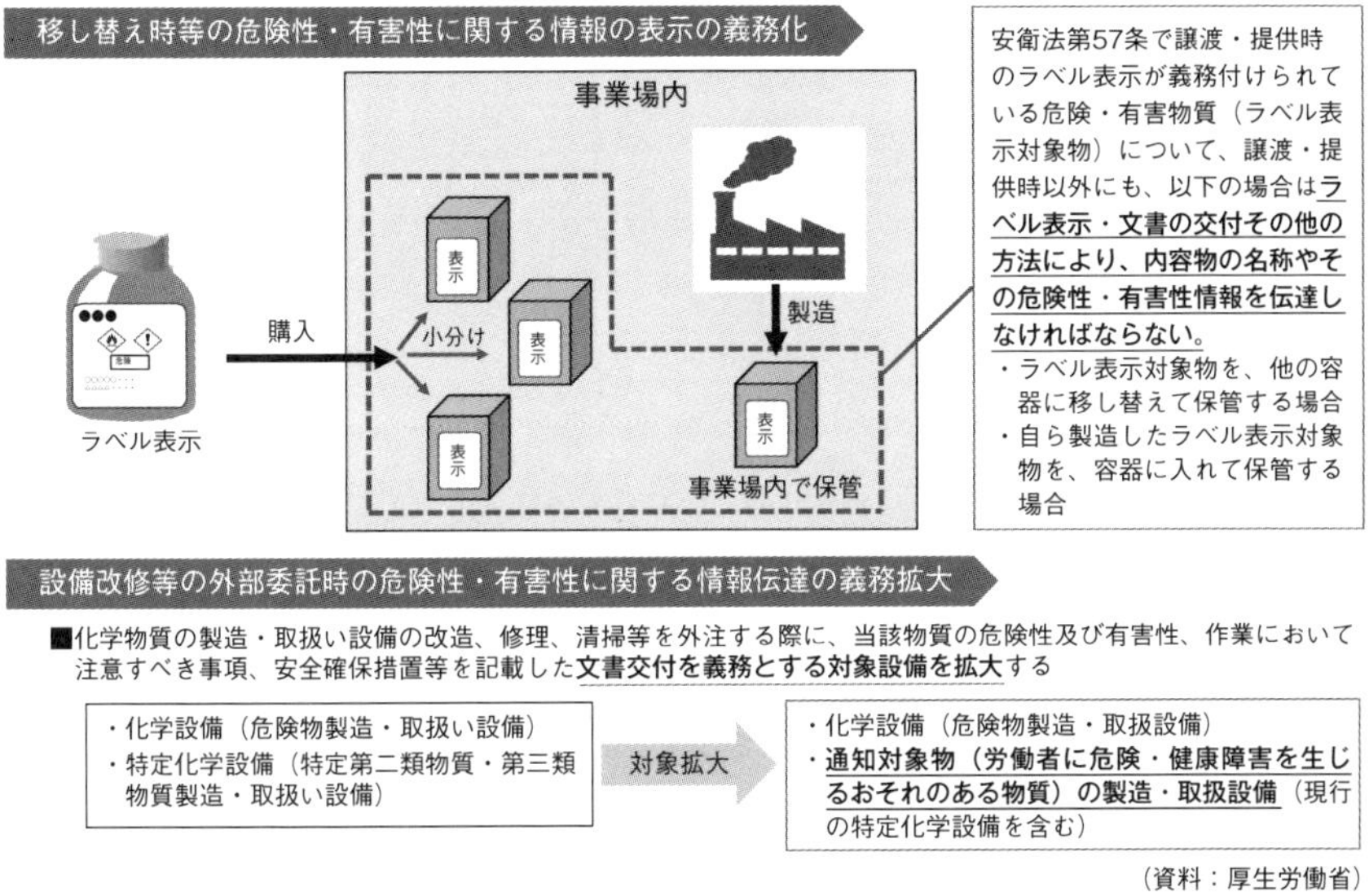

図3.4　移し替え時の表示及び外部委託時の情報伝達

合においても、最低限必要な表示事項として、「人体に及ぼす作用」が追加された。

・労働者に対する表示事項等の表示の方法として、光ディスクその他の記録媒体を用いる方法が新たに認められた。

(6)及び次項(7)をまとめると**図3.4**のようになる。

(7)　**設備改修等の外部委託時の危険性・有害性に関する情報伝達の義務拡大**（安衛令第9条の3）

化学物質の製造・取扱い設備の改造、修理、清掃等を外注する際に、当該物質の危険性及び有害性、作業において注意すべき事項、安全確保措置等を記載した文書交付を義務とする対象設備を、化学設備（危険物製造・取扱い設備）、特定化学設備（特定第二類物質・第三類物質製造・取扱い設備）から全てのＧＨＳ分類済み物質の製造・取扱い設備に拡大した。

4　リスクアセスメントに基づく自律的な化学物質管理の強化

(1)　リスクアセスメントの方法

リスクアセスメントは、爆発・火災等の危険性及び健康有害性について行うが、ここでは今回の政省令改正で大きく変わった健康有害性に関して説明する。健康有害性に関するリスクアセスメントでは、一般的に環境気中濃度あるいはばく露濃度を測定または推定して、物質ごとに定められた指標（ばく露限界値等）等と比較して労働者の健康への影響を評価し、これに基づき必要に応じてばく露の低減方法等を検討する。職場におけるばく露の経路として、吸い込む場合（経気道）、飲み込む場合（経口）及び皮膚から吸収される場合（経皮）等が考えられる。過去の数多の職業病の経験から気中有害物によるばく露を抑制することが重要であることから、今回の政省令改正においても、経気道ばく露の指標を「厚生労働大臣が定める濃度の基準」（濃度基準値）として定めることとなり（安衛則第５７７条の２）、２０２３年にまず67物質について定められた[*1]。以降の濃度基準値設定のスケジュール案を**表4.1**に示す。

濃度基準値はＡＣＧＩＨ[*2]の許容限界値（ＴＬＶ[*3]）や日本産業衛生学会の許容濃度等を参考に定められている。経口毒性については職業上意図的に飲み込むことは想定されていないのでばく露限界値等は設定されていない。経皮毒性が懸念される物質

＊1　令和５年厚生労働省告示第 174 号　https://www.mhlw.go.jp/content/11300000/001091419.pdf
＊2　**ACGIH**：American Conference of Governmental Industrial Hygienist 米国産業衛生専門家会議
＊3　**TLV**：Threshold Limit Values

表4.1　濃度基準値設定のスケジュール

	2023	2024	2025	2026	2027
濃度基準値の設定（施行まで1年程度）	67物質に付与	200物質	200物質	200物質	200物質
	国のリスク評価由来等	許容濃度等が設定されている物質			

については保護具の着用が必要になる。生物学的モニタリングの活用についても今後検討されるであろう。

今後数千の物質に対してリスクアセスメントが義務化される予定であるが、リスクアセスメントの手法として物質の気中濃度測定を必須とすることは、分析手法の限界、資源の有効活用等から考えて適当ではない。作業条件等を勘案してリスクアセスメントはモデル（CREATE-SIMPLE、コントロール・バンディング等）あるいは定性的な記述的解析（毒性の低い物質をドラフト内で扱っている等）により可能であり、これらも事業者の判断で適用してもよい。

リスクアセスメントを行う場合には、労働者数、作業状況、物質の性状、取扱量、危険性・有害性情報、工学的対策の有無、保護具着用の有無等さまざまな情報が必要であるが、これらは従来から行われているリスクアセスメントと同様であり、ここでは割愛する。

以下、健康有害性に関するリスクの見積りを行う際、対象物質のばく露評価の指標（濃度基準値等）及び実測値（作業環境測定結果、個人ばく露測定結果等）の有無により、どのようなリスクの見積りが可能かを例示する。

●濃度基準値等がある物質の場合

実測値がある　⬇　実測値と濃度基準値等との比較を行う

実測値が無い　⬇　ばく露濃度の推定　⬇　CREATE-SIMPLEにおいて濃度基準値等を入力、または数理モデルにより気中濃度を推定する

●濃度基準値等が無い物質の場合

実測値がある　⬇　ばく露指標値（ばく露限界値等）を推定　⬇　実測値と動物実験データ等からばく露限界値を推定し比較するか、または実測値とCREATE-SIMPLEの管理目標濃度を比較する

実測値が無い　⬇　CREATE-SIMPLEやマトリクス法等を用いる

そのほか、以下の方法でリスクの見積りを行うことも考えられる。

・業界のマニュアルに従って作業方法等を確認する方法

・特別規則、安衛則の措置等を確認する方法

(ア)　物質濃度の測定によるリスクアセスメント

物質の濃度測定には個人ばく露測定、作業環境測定、簡易測定などがあり、さらに長時間（8時間）及び短時間（15分）測定がある。これらの測定法の選択はリスクアセスメント対象物質

及び作業の状況に応じて事業者が選択する。詳細は「化学物質による健康障害防止のための濃度の基準の適用等に関する技術上の指針」[*1]及び「化学物質の自律的管理におけるリスクアセスメントのためのばく露モニタリングに関する検討会報告書」[*2]（独立行政法人 労働者健康安全機構 労働安全衛生総合研究所 化学物質情報管理研究センター 2022年5月）を参照のこと。

(イ) 測定によらないリスクアセスメント

化学物質の取扱量や作業条件などから推定ばく露濃度を算出できるいくつかの支援ツールが公表されており、得られた推定値を濃度基準値や許容限界値等と比較する。また、同様の情報を入力することでリスクレベルと対策シートを簡易に得ることができるコントロール・バンディングも利用でき、これらは厚生労働省のホームページに公開されている。

(a) CREATE-SIMPLE等による推定

化学物質の取扱量や作業条件を入力することでばく露濃度を推定できる支援ツールとして、厚生労働省の「CREATE-SIMPLE」や、欧州化学物質生態毒性・毒性センターの「ECETOC-TRA」などが公開されており、厚生労働省のホームページから無料で利用することができる。

(b) マニュアルの措置等に基づいたリスクアセスメント

業界等からさまざまな業種・作業別のリスクアセスメントのマニュアルが開発され、

＊1　https://www.mhlw.go.jp/content/11300000/001091556.pdf
＊2　https://www.mhlw.go.jp/content/11300000/000945998.pdf

表4.2　リスクアセスメントの方法の例

手　法		備　考
濃度測定なし	数理モデル（CREATE-SIMPLE等）（有害性・危険性）	取扱い条件（取扱量、含有率、換気条件、作業時間・頻度、保護具の有無等）から推定したばく露濃度とばく露限界値（又はGHS区分情報）を比較する方法。
	コントロール・バンディング（有害性）	化学物質の有害性情報、取扱い物質の揮発性・飛散性、取扱量から簡単にリスクの見積もりが可能。
	爆発・火災等のリスクアセスメントスクリーニング支援ツール（危険性）	化学物質や作業に潜む代表的な危険性やリスクを簡便に「知る」ことに着目した支援ツール。化学物質の危険性に関する基本的な内容に加え、代表的なリスク低減対策についても整理されている。
	マトリクス法、数値化法等（危険性・有害性）	負傷又は疾病の重篤度とそれらが起きる可能性を勘案して行うリスクアセスメント。定性的な評価なので実施者の経験が重要。
	特別規則で規定されている具体的な措置に準じた方法	特別規則で定められている措置を実行することで良しとするリスクアセスメント。
	業界のマニュアル等に従った方法	業界のマニュアル等に従った作業手順や対策を実行すれば良しとするリスクアセスメント。事業場ごとの状況を考慮する必要がある。
濃度測定あり	簡易測定（検知管）（有害性）	簡易な化学物質の気中濃度測定法のひとつである検知管を用いたリスクの見積り。
	簡易測定（リアルタイムモニター）（有害性）	簡易な化学物質の気中濃度測定法のひとつであるリアルタイムモニターを用いたリスクの見積り。
	個人ばく露測定（有害性）	濃度基準値やばく露限界値と個人ばく露濃度の比較により評価する。最も信頼できるリスクの見積り。
	作業環境測定（有害性）	作業環境測定法（A・B測定、C・D測定）を用いたリスクの見積り。

公表され始めており、それに従ってリスクアセスメントを行うことができる。

表4.2にリスクアセスメントの手法の例を示した。どのような方法を採用してもよいが、

簡易的な手法

→

精緻な推定

→

ばく露濃度の測定

の順序で進めたほうが効率的であろう。

○　労働安全衛生法第57条の３第３項の規定に基づく危険性又は有害性等の調査等に関する指針（平成27年指針公示第３号）の改正

当該指針について、以下の改正が行われた（２０２３年４月27日改正）。

・化学物質管理者の選任、濃度基準値の設定等、上記の省令改正事項を反映

・「危険性又は有害性の特定」において、特定すべき危険性又は有害性として、皮膚等障害化学物質等への該当性を追加

・「リスクの見積り」方法について、作業環境測定結果と管理濃度を比較したり、個人ばく露測定結果と濃度基準値を比較する方法、典型的な作業を洗い出したリスク低減マニュアルを作成し、適切に実施されているか確認する方法を追加

(2) リスクアセスメント対象物に係る事業者の義務

(ア) 労働者がリスクアセスメント対象物にばく露される程度の低減措置

（安衛則第５７７条の２）

①　労働者がリスクアセスメント対象物にばく露される程度について、最小限度にしなければならない。そのための方法として、以下の方法等が考えられる。

ⅰ　代替物等の使用

ⅱ　発散源を密閉する設備、局所排気装置または全体換気装置の設置及び稼働

ⅲ　作業の方法の改善

iv　有効な呼吸用保護具の使用

②　リスクアセスメント対象物のうち、一定程度のばく露に抑えることにより、労働者に健康障害を生ずるおそれがない物質として厚生労働大臣が定める物質（以下「濃度基準値設定物質」という。）については、労働者がこれらの物にばく露される程度を厚生労働大臣が定める濃度基準（濃度基準値）以下としなければならない。（2024年4月1日施行）

①②の規定には、測定の実施は義務付けられておらず、ばく露を最小化し、濃度基準値以下とするという結果のみが求められている。

(イ)　(ア)に基づく措置の内容及び労働者のばく露の状況について労働者の意見聴取、記録作成・保存（安衛則第577条の2）

本項の(ア)に基づく措置の内容及び労働者のばく露の状況について、①労働者の意見を聴く機会を設けること、②記録を作成し、3年間（がん原性のある物質として厚生労働大臣が定めるもの*については30年間）保存すること、が義務付けられた。（上記(ア)②：2024年4月1日施行）

＊　令和4年厚生労働大臣告示第371号で定められている。リスクアセスメント対象物のうち国によるGHS分類の結果、発がん性が区分1（区分1A又は区分1B）に分類されたもの。ただしエタノール及びすでに同様の規定がある特化則の特別管理物質は除く。令和6年4月1日施行分までで198物質。

(ウ) リスクアセスメント対象物以外の物質にばく露される程度を最小限とする努力義務（安衛則第577条の3）

本項の(ア)①のリスクアセスメント対象物以外の物質についても、労働者がばく露される程度について、最小限にするように努めなければならない。代替物の使用、発散源の密閉設備等の設置及び稼働、作業方法の改善、有効な呼吸用保護具の使用等などの方法が考えられる。

(エ) 労働者のばく露が濃度基準値以下であることを確認する測定等

詳細は「化学物質による健康障害防止のための濃度の基準の運用等に関する技術上の指針[*]」を参照。指針の内容は、

1 総則
2 リスクアセスメント及びその結果に基づく労働者のばく露の程度を濃度基準値以下とする措置等を含めたリスク低減措置
3 確認測定の対象者の選定及び実施時期
4 確認測定における試料採取方法及び分析方法
5 濃度基準値及びその適用
6 濃度基準値の趣旨等及び適用に当たっての留意事項、リスク低減措置
別表1 物質別の試料採取方法及び分析方法
別表2 物質別濃度基準値一覧

＊ 令和5年4月27日技術上の指針公示第24号
https://www.mhlw.go.jp/content/11300000/001091556.pdf

別表3　呼吸用保護具からなる。ここでは「技術上の指針」の考え方をわかりやすくまとめた「化学物質管理に係る専門家検討会」報告書の基本的な考え方を示す。

1　労働者のばく露の最小化と濃度基準値の法令上の位置付け

(1)　法令上の位置付け

●リスクアセスメント対象物に対してリスクアセスメントを実施することが義務付け。その結果に基づき、労働者の危険や健康障害を防止するために必要な措置を講ずることが努力義務。（労働安全衛生法第57条の3）

●リスクアセスメント対象物を製造し又は取り扱う事業者（以下単に「事業者」という。）には、リスクアセスメントの結果等に基づき、リスクアセスメント対象物に労働者がばく露される程度を最小限にすることを義務付け（労働安全衛生規則（安衛則）第５７７条の2第1項）

●リスクアセスメント対象物のうち、厚生労働大臣が定める濃度の基準（以下「濃度基準値」という。）が定められた物質を製造し又は取り扱う業務を行う屋内作業場においては、労働者のばく露の程度が濃度基準値を上回らないことを事業者に義務付け（安衛則第５７７条の2第2項）

●これらの規定には、測定の実施は義務付けられておらず、ばく露を最小化し、濃度基準値以下とするという結果のみが求められている。

(2)　実施手順

●数理モデルの活用を含めた適切な方法により、事業場の全てのリスクアセスメント対象物に対してリスクアセスメントを実施し、その結果に基づきばく露低減措置を実施

●この結果、労働者のばく露が濃度基準値を超えるおそれのある作業を把握した場合は、労働者のばく露が濃度基準値以下であることを確認するための測定（確認測定）を実施し、その結果を踏まえて必要なばく露低減措置を実施

(3)　留意点

●濃度基準値は、労働者のばく露がそれを上回ってはならない基準であるため、有効な呼吸用保護具の使

用により、労働者のばく露を濃度基準値以下[1]とすることが許容される

●測定の結果、労働者のばく露が濃度基準値を上回っていた場合は、直ちにばく露低減措置を講じる。また、労働基準監督機関が濃度基準値を上回る状況を把握した場合、ばく露低減措置の実施を主眼とし、事業場に対して丁寧な指導を行うべき。

●リスクアセスメントは、ばく露を最小限とするための対策を検討するため、よくデザインされた場の測定も必要になる場合があり、また、統計上の信頼区間を踏まえた評価を行うことが望ましい。

●建設作業等、毎回異なる環境で作業を行う場合については、典型的な作業を洗い出し、あらかじめそれら作業における労働者のばく露を測定し、その測定結果に基づく要求防護係数に対して十分な余裕を持った保護具の使用等により、労働者のばく露の程度を最小化し、労働者のばく露が濃度基準値を上回らないと判断することも可能。

●これらの一連の措置は、化学物質管理者の管理下において実施。

2　確認測定の対象者の選定

(1)　均等ばく露作業の分類

事業者は、リスクアセスメントの結果や数理モデルによる解析の結果等を踏まえ、有害物質へのばく露がほぼ均一であると見込まれる作業（均等ばく露作業[2]）に従事する労働者のばく露濃度を評価。

(2)　確認測定の実施

労働者のばく露の程度が、濃度基準値のうち、8時間の時間加重平均の濃度基準値（以下「8時間濃度基準値」という。）の2分の1程度を超えると評価された場合は、確認測定を実施。

(3)　確認測定の対象者の選定

最も高いばく露を受ける均等ばく露作業において、最大ばく露労働者の呼吸域の測定を行う。

全ての労働者に対して一律の（厳しい）ばく露低減措置を行うのであれば、それ以外の労働者の測定を行う必要はない。ただし、ばく露濃度に応じてばく露低減措置を最適化するためには、均等ばく露作業ごとに最大ばく露労働者を選び、測定を実施することが望ましい。

(4)　確認測定の留意点

確認測定の結果の共有も含めて、関係労働者の

＊1　全ての労働者のばく露が、濃度基準値以下である必要があるが、統計上の上限信頼区間の評価は求められない。

＊2　全てのばく露測定結果が平均の50％から2倍の間に収まることが望ましい。

意見を聴取し、十分な意思疎通を行うとともに、衛生委員会で十分な審議を行う

３　測定の実施時期

●労働者の呼吸域の濃度が、濃度基準値を超えている作業場については、少なくとも6月に1回、個人ばく露測定等を実施し、呼吸用保護具等のばく露低減措置が適切であるかを確認。

●労働者の呼吸域の濃度が濃度基準値の２分の１程度を上回り、濃度基準値を超えない作業場所については、一定の頻度[*3]で確認測定を実施することが望ましい。

４　ばく露低減措置の考え方

(1)　対策の優先順位

労働者のばく露を濃度基準値以下とする措置は、有害性の低い物質への代替、工学的対策、管理的対策、個人用保護具という優先順位に従い、事業者が検討し、実施。

(2)　呼吸用保護具の選択と使用の留意点

●ＪＩＳ Ｔ ８１５０に定める方法により、個人ばく露測定の結果に基づき呼吸用保護具の要求防護係数を算出し、それを上回る指定防護係数を有する呼吸用保護具を使用。

●防毒マスクの場合は、適切な吸収缶の選択と破過時間の管理。

●ＪＩＳ Ｔ ８１５０に定める方法により、フィットテストを定期的に実施。

●これらの一連の措置は、保護具着用管理責任者の管理下で行う。

(3)　化学物質への直接接触の防止（安衛則第５９４条の２、同第５９４条の３）

皮膚・眼刺激性、皮膚腐食性または皮膚から吸収され健康障害を引き起こしうる有害性に応じて、皮膚もしくは眼に障害を与えるおそれ、または皮膚から吸収され、もしくは皮膚に侵入して、健康障害を生ずるおそれがあることが明らかな物質（皮膚等障害化学物質

＊3　労働者の呼吸域の濃度に応じた頻度となるように事業者が判断すべき。

等*）または皮膚等障害化学物質等を含有する製剤を製造し、または取り扱う業務に労働者を従事させる場合には、労働者に塗布剤、不浸透性の保護衣、保護手袋、履物または保護眼鏡等の皮膚障害等防止用保護具を使用させなければならない。物質の有害性に応じ、以下のように義務付けられる。

① 皮膚等障害化学物質等を製造し、または取り扱う業務に従事する労働者
努力義務 ⬇ 義務（２０２４年４月１日施行）

② 皮膚等障害化学物質等および上記の健康障害を起こすおそれがないことが明らかなもの以外の物質を製造し、また又は取り扱う業務に従事する労働者（①の労働者を除く）
努力義務

(4) リスクアセスメント結果等に係る記録の作成及び保存（安衛則第34条の2の8）

リスクアセスメントの結果及び当該結果に基づき事業者が講ずる労働者の健康障害を防止するための措置の内容等について、記録を作成し、次のリスクアセスメントを行うまでの期間（次のリスクアセスメントが3年以内に実施される場合は３年間）保存するとともに、関係労働者に周知させなければならない。

＊ 「皮膚等障害化学物質等」には、「皮膚腐食性・刺激性」、「眼に対する重篤な損傷性・眼刺激性」及び「呼吸器感作性又は皮膚感作性」のいずれかで区分１に分類されているもの及び別途示すものが含まれる（皮膚刺激性有害物質）。「別途示すもの」には皮膚吸収性有害物質が含まれ、令和５年７月４日付け基発 0704 第１号通達で 296 物質が指定され、令和６年４月１日に施行される。

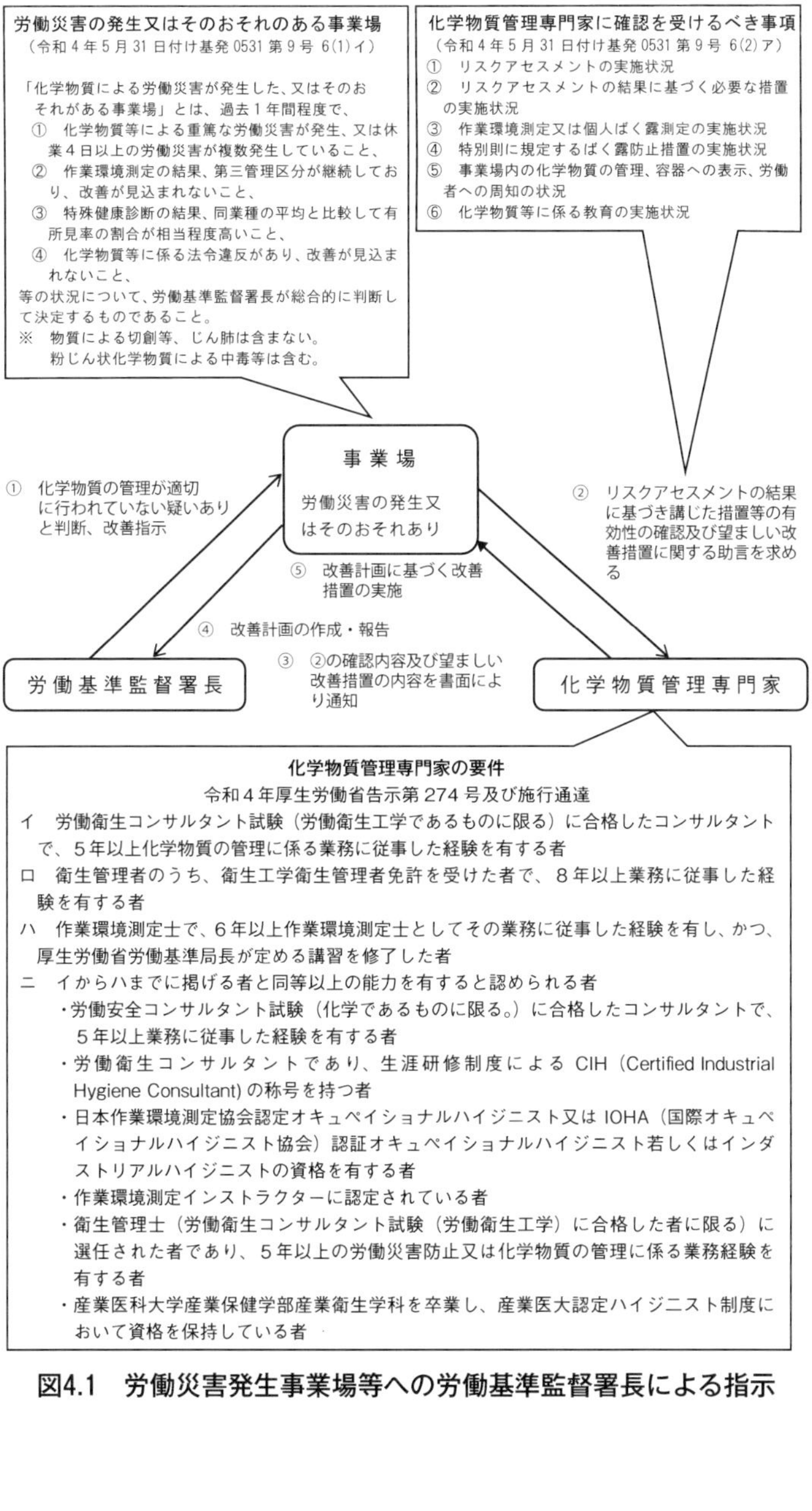
労働災害の発生又はそのおそれのある事業場
（令和４年５月31日付け基発0531第９号 6(1)イ）
「化学物質による労働災害が発生した、又はそのおそれがある事業場」とは、過去１年間程度で、
①　化学物質等による重篤な労働災害が発生、又は休業４日以上の労働災害が複数発生していること、
②　作業環境測定の結果、第三管理区分が継続しており、改善が見込まれないこと、
③　特殊健康診断の結果、同業種の平均と比較して有所見率の割合が相当程度高いこと、
④　化学物質等に係る法令違反があり、改善が見込まれないこと、
等の状況について、労働基準監督署長が総合的に判断して決定するものであること。
※　物質による切創等、じん肺は含まない。
粉じん状化学物質による中毒等は含む。
化学物質管理専門家に確認を受けるべき事項
（令和４年５月31日付け基発0531第９号 6(2)ア）
①　リスクアセスメントの実施状況
②　リスクアセスメントの結果に基づく必要な措置の実施状況
③　作業環境測定又は個人ばく露測定の実施状況
④　特別則に規定するばく露防止措置の実施状況
⑤　事業場内の化学物質の管理、容器への表示、労働者への周知の状況
⑥　化学物質等に係る教育の実施状況
事業場
労働災害の発生又はそのおそれあり
①　化学物質の管理が適切に行われていない疑いありと判断、改善指示
②　リスクアセスメントの結果に基づき講じた措置等の有効性の確認及び望ましい改善措置に関する助言を求める
⑤　改善計画に基づく改善措置の実施
④　改善計画の作成・報告
③　②の確認内容及び望ましい改善措置の内容を書面により通知
労働基準監督署長
化学物質管理専門家
化学物質管理専門家の要件
令和４年厚生労働省告示第274号及び施行通達
イ　労働衛生コンサルタント試験（労働衛生工学であるものに限る）に合格したコンサルタントで、５年以上化学物質の管理に係る業務に従事した経験を有する者
ロ　衛生管理者のうち、衛生工学衛生管理者免許を受けた者で、８年以上業務に従事した経験を有する者
ハ　作業環境測定士で、６年以上作業環境測定士としてその業務に従事した経験を有し、かつ、厚生労働省労働基準局長が定める講習を修了した者
ニ　イからハまでに掲げる者と同等以上の能力を有すると認められる者
・労働安全コンサルタント試験（化学であるものに限る。）に合格したコンサルタントで、５年以上業務に従事した経験を有する者
・労働衛生コンサルタントであり、生涯研修制度による CIH（Certified Industrial Hygiene Consultant）の称号を持つ者
・日本作業環境測定協会認定オキュペイショナルハイジニスト又は IOHA（国際オキュペイショナルハイジニスト協会）認証オキュペイショナルハイジニスト若しくはインダストリアルハイジニストの資格を有する者
・作業環境測定インストラクターに認定されている者
・衛生管理士（労働衛生コンサルタント試験（労働衛生工学）に合格した者に限る）に選任された者であり、５年以上の労働災害防止又は化学物質の管理に係る業務経験を有する者
・産業医科大学産業保健学部産業衛生学科を卒業し、産業医大認定ハイジニスト制度において資格を保持している者

図4.1　労働災害発生事業場等への労働基準監督署長による指示

(5) 化学物質による労働災害発生事業場等への労働基準監督署長による指示（安衛則第34条の2の10　2024年4月1日施行）

化学物質による労働災害が発生、またはそのおそれのある事業場について、労働基準監督署長が、当該事業場における化学物質の管理が適切に行われていない疑いがあると判断した場合は、当該事業場の事業者に対し、改善を指示することができる。

改善の指示を受けた事業者は、化学物質管理専門家（厚生労働大臣告示で示された、化学物質の管理について必要な知識及び技能を有する者）から、リスクアセスメントの結果に基づき講じた措置の有効性の確認及び望ましい改善措置に関する助言を受けた上で、改善計画を作成し、労働基準監督署長に報告し、必要な改善措置を実施しなければならない（**図4.1**）。

5　事業場内実施体制の確立

化学物質の自律的な管理を行うための事業場内実施体制として、事業場内化学物質管理体制の強化及び化学物質の自律的な管理の状況に関する労使等の化学物質管理状況のモニタリング（監視）があげられる。これらには化学物質管理者等の選任義務及び従来の教育の業種範囲並びに内容の拡充、事業場内外からの化学物質管理状況のモニタリングが含まれる。

(1) 事業場内化学物質管理体制の強化

(ア) 化学物質管理者の選任の義務化（安衛則第12条の5　２０２４年4月1日施行）

リスクアセスメント対象物（安衛法第57条の３でリスクアセスメントの実施が義務付けられている危険有害な物質）を製造・取り扱う事業場では、当該物質のラベル・ＳＤＳ等の作成の管理、リスクアセスメントの実施等、化学物質の管理に関わるもので、リスクアセスメント対象物に対する対策を適切に進めるうえで不可欠な職務を管理する者として、事業場ごとに化学物質管理者を選任しなければならない。化学物質管理者には必要な権限が与えられ、またその氏名は関係労働者に周知されなければならない。

(a)　選任が必要な事業場

・リスクアセスメント対象物を製造し、または取り扱う全ての事業場（業種・規模要件なし）

・工場、店社等の事業場単位で選任すること。例えば建設現場等の出張作業先での選任は不要

・一般消費者の生活の用に供される製品のみを取り扱う事業場は、対象外

・事業場の状況に応じ、複数名の選任も可能

(b)　選任要件

以下の事業場の区分に応じて選任する。いずれも、その職務を適切に遂行するため必要な権限が付与される必要があるため、事業場内の労働者から選任するべきとされている。

①　リスクアセスメント対象物の製造事業場*

厚生労働大臣が定める化学物質の管理に関する講習（専門的講習）の修了者、もしくは同等の能力を有する者

②　リスクアセスメント対象物の製造事業場以外の事業場

①に定める者のほか、化学物質の管理に係る業務を適切に実施できる能力を有する者。（資格要件なし。通達で示された専門的講習に準ずる講習等の受講が推奨されている）

---

*　リスクアセスメント対象物の製造事業場とは、一般にSDS交付が義務付けられる譲渡・提供者をいう。塗料のように化学物質を事業場内で調整し、事業場内で使用するような場合は製造事業場にはならない。

(c)　化学物質管理者の職務

次に掲げる化学物質の管理に係る技術的事項の管理。

・ラベル・ＳＤＳ（安全データシート）の確認・作成（リスクアセスメント対象物の製造事業場の場合）

・化学物質に係るリスクアセスメントの実施の管理

・リスクアセスメント結果に基づくばく露防止措置の選択、実施の管理

・リスクアセスメント対象物による労働災害が発生した場合の対応

・化学物質の自律的な管理に係る各種記録の作成・保存

・化学物質の自律的な管理に係る労働者への教育

(d)　講習のカリキュラム

化学物質管理者の教育は事業者責任で行うべきものであるが、その内容及び時間数は厚生労働省告示（**表5.1**及び**表5.2**）及び通達（**表5.3**）で示されている。

(イ)　**保護具着用管理責任者の選任の義務化**（安衛則第12条の6　2024年4月1日施行）

保護具を使用させるときは、保護具の適正な選択、使用及び保守管理を行う者として、保護具着用管理責任者を選任しなければならない。

(a)　選任が必要な事業場

リスクアセスメントに基づく措置として労働者に保護具を使用させる事業場

表5.1　化学物質管理者専門的講習カリキュラム

	科目	時間	内容
学科教育	化学物質の危険性及び有害性並びに表示等	2.5	化学物質の危険性及び有害性　化学物質による健康障害の病理及び症状　化学物質の危険性又は有害性等の表示、文書及び通知
	化学物質の危険性又は有害性等の調査	3	化学物質の危険性又は有害性等の調査の時期及び方法並びにその結果の記録
	化学物質の危険性又は有害性等の調査の結果に基づく措置等その他必要な記録等	2	化学物質のばく露の濃度の基準　化学物質の濃度の測定方法　化学物質の危険性又は有害性等の調査の結果に基づく労働者の危険又は健康障害を防止するための措置等及び当該措置等の記録　がん原性物質等の製造等業務従事者の記録　保護具の種類、性能、使用方法及び管理　労働者に対する化学物質管理に必要な教育の方法
	化学物質を原因とする災害発生時の対応	0.5	災害発生時の措置
	関係法令	1	労働安全衛生法（昭和47年法律第57号）、労働安全衛生法施行令（昭和47年政令第318号）及び労働安全衛生規則（昭和47年労働省令第32号）中の関係条項
実習	化学物質の危険性又は有害性等の調査及びその結果に基づく措置等	3	化学物質の危険性又は有害性等の調査及びその結果に基づく労働者の危険又は健康障害を防止するための措置並びに当該調査の結果及び措置の記録　保護具の選択及び使用

（資料：令和４年厚生労働省告示第276号）

表5.2　化学物質管理者専門講習の科目免除を受けることができる者及び免除科目

免除を受けることができる者	科　目
有機溶剤作業主任者技能講習、鉛作業主任者技能講習及び特定化学物質及び四アルキル鉛等作業主任者技能講習を全て修了した者	化学物質の危険性及び有害性並びに表示等
第一種衛生管理者の免許を有する者	化学物質の危険性又は有害性等の調査
衛生工学衛生管理者の免許を有する者	化学物質の危険性又は有害性等の調査 化学物質の危険性又は有害性等の調査の結果に基づく措置等その他必要な記録等

（資料：令和４年厚生労働省告示第276号）

表5.3　リスクアセスメント対象物の製造事業場以外の事業場における化学物質管理者講習に準ずる講習

科　目	時間	内　容
化学物質の危険性及び有害性並びに表示等	1.5	化学物質の危険性及び有害性　化学物質による健康障害の病理及び症状　化学物質の危険性又は有害性等の表示、文書及び通知
化学物質の危険性又は有害性等の調査	2	化学物質の危険性又は有害性等の調査の時期及び方法並びにその結果の記録
化学物質の危険性又は有害性等の調査の結果に基づく措置等その他必要な記録等	1.5	化学物質のばく露の濃度の基準　化学物質の濃度の測定方法　化学物質の危険性又は有害性等の調査の結果に基づく労働者の危険又は健康障害を防止するための措置等及び当該措置等の記録　がん原性物質等の製造等業務従事者の記録　保護具の種類、性能、使用方法及び管理　労働者に対する化学物質管理に必要な教育の方法
化学物質を原因とする災害発生時の対応	0.5	災害発生時の措置
関係法令	0.5	労働安全衛生法（昭和47年法律第57号）、労働安全衛生法施行令（昭和47年政令第318号）及び労働安全衛生規則（昭和47年労働省令第32号）中の関係条項

（資料：令和４年基発0907第１号）

(b)　選任要件

保護具について一定の経験及び知識を有する者と定められており、通達では以下のように示されている。

① 化学物質管理専門家
② 作業環境管理専門家
③ 労働衛生コンサルタント
④ 第一種衛生管理者または衛生工学衛生管理者
⑤ 作業主任者（特定化学物質、鉛、四アルキル鉛等、有機溶剤）
⑥ 安全衛生推進者

別途示されている保護具の管理に関する「保護具着用管理責任者教育*」（**表5.4**）を受講することが望ましいとされている。

(c)　職務

有効な保護具の選択、労働者の使

＊「保護具着用管理責任者に対する教育の実施について」（令和４年基安化発1226第１号）を参照。

表5.4　保護具着用管理責任者教育カリキュラム

	科　目	時間	範　囲
学科科目	Ⅰ 保護具着用管理	0.5	①　保護具着用管理責任者の役割と職務 ②　保護具に関する教育の方法
学科科目	Ⅱ 保護具に関する知識	3	①　保護具の適正な選択に関すること ②　労働者の保護具の適正な使用に関すること ③　保護具の保守管理に関すること
学科科目	Ⅲ 労働災害の防止に関する知識	1	保護具使用に当たって留意すべき労働災害の事例及び防止方法
学科科目	Ⅳ 関係法令	0.5	安衛法、安衛令及び安衛則中の関係条項
実技科目	Ⅴ 保護具の使用方法等	1	①　保護具の適正な選択に関すること ②　労働者の保護具の適正な使用に関すること ③　保護具の保守管理に関すること

（資料：令和4年基安化発1226第1号）

用状況、保護具の保守管理に係る事項の管理

(ウ) **雇入れ時等教育**（安衛則第35条　2024年4月1日施行）

雇入れ時等の教育のうち、特定の業種においては下記の教育項目のうち①～④の省略が認められている*ところ、当該省略規定は廃止され、危険性・有害性のある化学物質を製造し、または取り扱う全ての事業場において、化学物質の安全衛生に関する必要な教育が行われることになる。

①　機械等、原材料等の危険性又は有害性及びこれらの取扱い方法に関すること

②　安全装置、有害物抑制装置または保護具の性能及びこれらの取扱い方法に関すること

③　作業手順に関すること

---

*　改正前は、下記の業種以外の業種では①～④の項目は省略可能。
- 林業、鉱業、建設業、運送業及び清掃業
- 製造業、電気業、ガス業、熱供給業、水道業、通信業、各種商品卸売業、家具・建具・じゅう器等卸売業、各種商品小売業、家具・建具・じゅう器小売業、燃料小売業、旅館業、ゴルフ場業、自動車整備業及び機械修理業

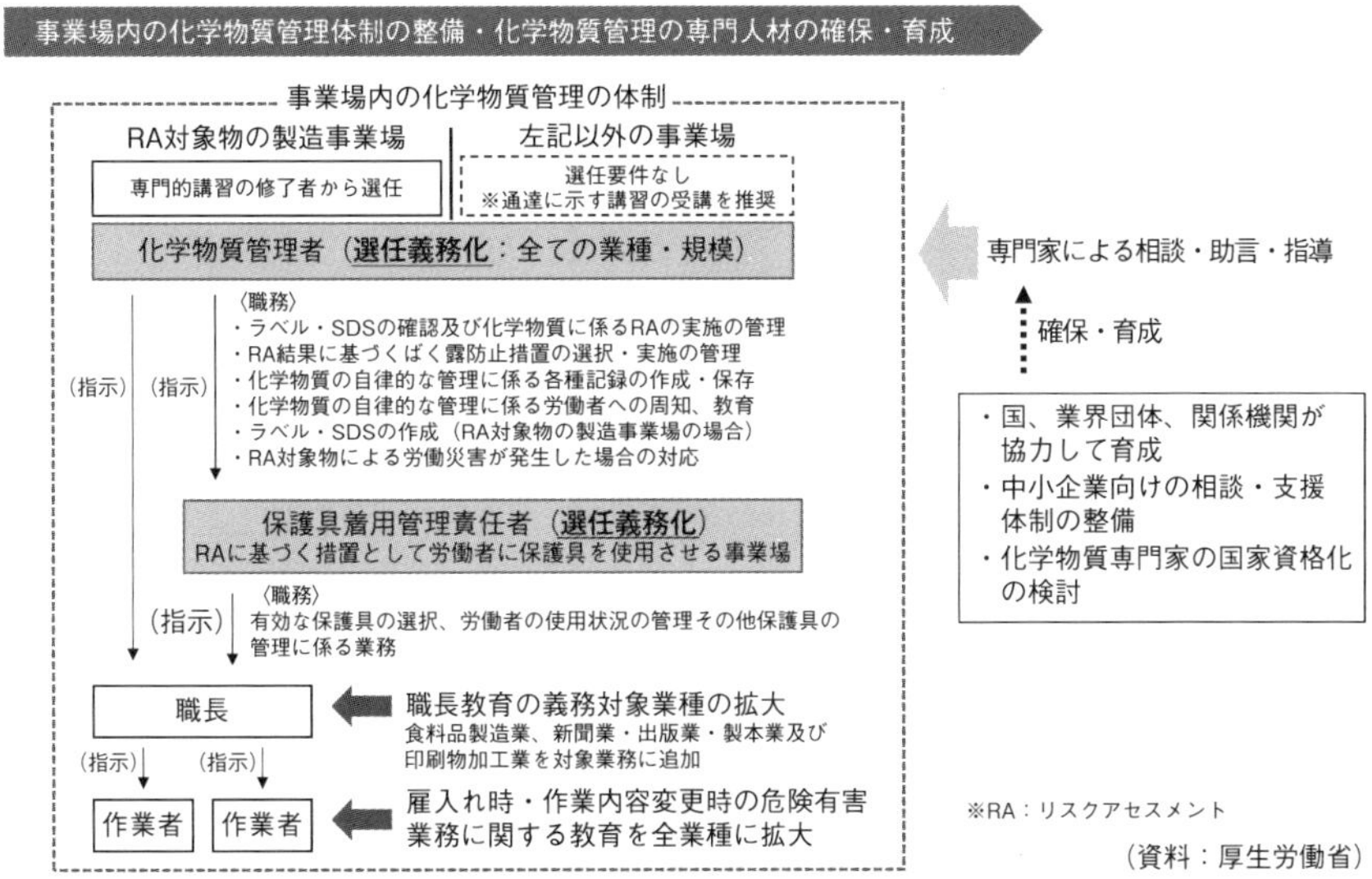

図5.1　事業場内専門人材の選任及び教育

④ 作業開始時の点検に関すること

⑤ 当該業務に関して発生するおそれのある疾病の原因及び予防に関すること

⑥ 整理、整頓及び清潔の保持に関すること

⑦ 事故時等における応急措置及び退避に関すること

⑧ 前各号に掲げるもののほか、当該業務に関する安全又は衛生のために必要な事項

(エ) 職長教育の義務対象業種の拡大（安衛令第19条）

「食料品製造業」及び「新聞業、出版業、製本業及び印刷物加工業」についても、法定の職長等の教育が義務付けられる。この背景として食料品製造業における災害の割合が比較的高い（全体の約12%）こと、また印刷事業場における胆管がんの発生事案等があげられる。なお食料品製造業のうち、うまみ調味料製造業及び動

物油脂製造業は、これまでも義務付けられていた。

以上、事業場内の化学物質管理体制の整備・専門人材の確保・育成についてまとめると図5.1のようになる。

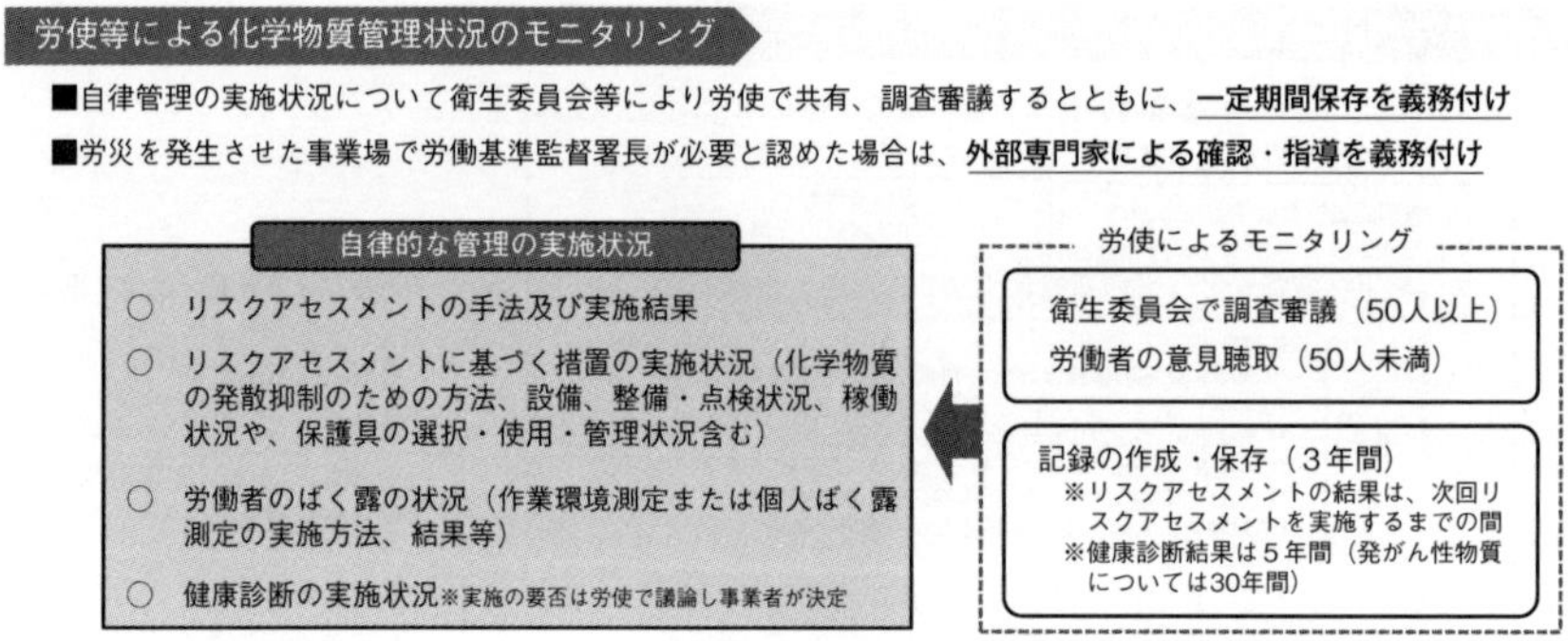
労使等による化学物質管理状況のモニタリング
■自律管理の実施状況について衛生委員会等により労使で共有、調査審議するとともに、一定期間保存を義務付け
■労災を発生させた事業場で労働基準監督署長が必要と認めた場合は、外部専門家による確認・指導を義務付け
自律的な管理の実施状況
○ リスクアセスメントの手法及び実施結果
○ リスクアセスメントに基づく措置の実施状況（化学物質の発散抑制のための方法、設備、整備・点検状況、稼働状況や、保護具の選択・使用・管理状況含む）
○ 労働者のばく露の状況（作業環境測定または個人ばく露測定の実施方法、結果等）
○ 健康診断の実施状況※実施の要否は労使で議論し事業者が決定
労使によるモニタリング
衛生委員会で調査審議（50人以上）
労働者の意見聴取（50人未満）
記録の作成・保存（３年間）
※リスクアセスメントの結果は、次回リスクアセスメントを実施するまでの間
※健康診断結果は５年間（発がん性物質については30年間）

（資料：厚生労働省）

図5.2　化学物質管理状況モニタリング

(2) 化学物質の自律的な管理の状況に関する労使等の化学物質管理状況のモニタリング

(ア) 衛生委員会の付議事項の追加（安衛則第22条）

衛生委員会における付議事項に以下の事項が追加され、化学物質の自律的な管理の実施状況の調査審議を行うことが義務付けられる。なお、衛生委員会の設置義務のない労働者数50人未満の事業場においても、安衛則第23条の2に基づき、同様の事項について、関係労働者からの意見聴取の機会を設けなければならない。

① 労働者が化学物質にばく露される程度を最小限度にするために講ずる措置に関すること

② 濃度基準値設定物質について、労働者がばく露される程度を濃度基準値以下とするために講ずる措置に関する

こと（２０２４年４月１日施行）

③　リスクアセスメントの結果に基づき事業者が自ら選択して講ずるばく露措置の一環として実施した健康診断の結果及びその診断結果に基づき講ずる措置に関すること（２０２４年４月１日施行）

④　濃度基準値設定物質について、労働者が濃度基準値を超えてばく露した際に実施した健康診断の結果、講ずる措置に関すること（２０２４年４月１日施行）

化学物質管理状況のモニタリングに関する規定をまとめると**図5.2**のようになる。

災害発生時の対応については４⑸を参照のこと。

6　化学物質の自律的な管理における健康診断

リスクアセスメント健康診断については、厚生労働省より「リスクアセスメント対象物健康診断に関するガイドライン」が示されている。以下(1)～(6)に、その概要を紹介する。

(1)　ガイドラインの趣旨・目的

事業者、労働者、産業医、健康診断実施機関及び健康診断の実施に関わる医師または歯科医師（以下「医師等」）が、リスクアセスメント対象物健康診断の趣旨・目的を正しく理解し、その適切な実施が図られるよう、基本的な考え方及び留意すべき事項が示されている。

(2)　基本的な考え方

・安衛則577条の2第3項に基づく健康診断（第3項健診）は、特殊健康診断のように特定の業務に常時従事する労働者に対して一律に健康診断の実施を求めるものではなく、自律的な化学物質管理の一環として、リスクアセスメントの結果に基づき、健康障害発生リスクが高いと判断された労働者に対して、医師等が必要と認める項目について、健康障害発生リスクの程度及び有害性の種類に応じた頻度で実施する。

・ばく露防止対策が適切に実施され、労働者の健康障害発生リスクが許容される範囲を超えないと判断すれば、基本的にリスクアセスメント対象物健康診断を実施する必要はない。

⑶　リスクアセスメント対象物健康診断の種類と目的

・安衛則５７７条の２第３項に基づく健康診断（第３項健診）は、リスクアセスメントの結果、健康障害発生リスクが許容される範囲を超えると判断された場合に、関係労働者の意見を聴き、必要があると認められた者について、当該リスクアセスメント対象物による健康影響を確認するために実施するものである。

・安衛則５７７条の２第４項に基づく健康診断（第４項健診）は、ばく露の程度を抑制するための局所排気装置が正常に稼働していない、または使用されているはずの呼吸用保護具が使用されていないなど、何らかの異常事態が判明し、労働者が濃度基準値を超えて当該リスクアセスメント対象物にばく露したおそれが生じた場合に実施する趣旨である。

⑷　リスクアセスメント対象物健康診断の実施の要否の判断方法

㋐　第３項健診の実施の要否の考え方

・当該化学物質の有害性及びその程度、ばく露の程度や取扱量、労働者のばく露履歴、作業の負荷の程度、工学的措置の実施状況、呼吸用保護具の使用状況等を勘案し、労働者の健康障害発生リスクが許容できる範囲を超えるか否かを検討する。

・以下のいずれかに該当する場合は、健康診断を実施することが望ましい。

① 濃度基準告示[*1]第3号に規定する努力義務を満たしていない場合
② 工学的措置や保護具でのばく露の制御が不十分と判断される場合
③ 濃度基準値がない物質について、漏洩事故等により、大量ばく露した場合
④ リスク低減措置が適切に講じられているにも関わらず、何らかの健康障害が顕在化した場合

・安衛則第577条の2第11項[*2]に基づく記録の作成の時期に、労働者のリスクアセスメント対象物へのばく露の状況、工学的措置や保護具使用が適正になされているかを確認し、第3項健診の実施の要否を判断することが望ましい。
・過去に一度もリスクアセスメントを実施したことがない場合は、令和7年3月31日までにリスクアセスメントを実施し、第3項健診の要否を判断することが望ましい。
・第3項健診の要否を判断したときは、その判断根拠について記録を作成し、保存しておくことが望ましい。

(イ) 第4項健診の実施の要否の考え方

・以下のいずれかに該当する場合は、労働者が濃度基準値を超えてばく露したおそれがあることから、速やかに実施する必要がある。
① 呼吸域の濃度が、濃度基準値を超えていることから、工学的措置の実施または呼吸用保護具の使用等の対策を講じる必要があるにも関わらず、以下に該当

＊1　令和5年厚生労働省告示第177号
https://www.mhlw.go.jp/content/11300000/001091419.pdf
＊2　**安衛則第577条の2第11項**：同項の規定では、リスクアセスメントの結果に基づき講じたリスク低減措置や労働者のリスクアセスメント対象物へのばく露の状況等について、1年を超えない期間ごとに1回、定期に記録を作成することが義務づけられている。

する状況が生じた場合

㋐　工学的措置が適切に実施されていないことが判明した場合

㋑　必要な呼吸用保護具を使用していないことが判明した場合

㋒　呼吸用保護具の使用方法が不適切で要求防護係数が満たされていないと考えられる場合

㋓　その他、工学的措置や呼吸用保護具でのばく露の制御が不十分な状況が生じていることが判明した場合

②　漏洩事故等により、濃度基準値がある物質に大量ばく露した場合

(5)　リスクアセスメント対象物健康診断の実施頻度及び実施時期

・第３項健診の実施頻度は、産業医または医師等の意見に基づき事業者が判断する。

〈実施頻度の設定例〉

以下の有害性ごとに健康障害リスクが許容される範囲を超えると判断された場合の実施頻度。

①　皮膚腐食性／刺激性、眼に対する重篤な損傷性／眼刺激性、呼吸器感作性、皮膚感作性、特定標的臓器毒性（単回ばく露）による急性の健康障害：６月以内ごとに１回

②　がん原性物質またはＧＨＳ分類の発がん性の区分が区分１：１年以内ごとに１回

③　上記①、②以外の健康障害（歯科領域の健康障害を含む。）：３年以内ごとに１回

・第４項健診は、濃度基準値を超えてばく露したおそれが生じた時点で、事業者及び健康診断実施機関等の調整により合理的に実施可能な範囲で、速やかに実施する必要がある。

⑹ リスクアセスメント対象物健康診断の検査項目

・濃度基準値の根拠となった一次文献等やＳＤＳ記載の有害性情報等を参照して設定する。（「生殖細胞変異原性」及び「誤えん有害性」は検査の対象から除外、「生殖毒性」の検査は一般的には推奨されない、等の留意点がガイドライン本文に記載されている）

・歯科領域のリスクアセスメント対象物健康診断は、クロルスルホン酸、三臭化ほう素、５・５ジフェニル２・４イミダゾリジンジオン、臭化水素及び発煙硫酸の５物質を対象とする。

㋐ 第３項健診の検査項目

業務歴の調査、作業条件の簡易な調査等によるばく露の評価及び自他覚症状の有無の検査等を実施。必要と判断された場合には、標的とする健康影響に関するスクリーニングに係る検査項目を設定する。

㋑ 第４項健診の検査項目

八時間濃度基準値を超えてばく露した場合、ただちに健康影響が発生している可能性が低いと考えられる場合は、業務歴の調査、作業条件の簡易な調査等によるばく露の評価及び自他覚症状の有無の検査等を実施する。

短時間濃度基準値を超えてばく露した場合は、主として急性の影響に関する検査項目を設定する。

(ウ)　歯科領域の検査項目

歯科医師による問診及び歯牙・口腔内の視診。

(7)　記録の作成・保存等

・リスクアセスメント対象物健康診断を実施した場合は、当該記録を作成し、5年間（がん原性のある物質として厚生労働大臣が定めるもの（4(2)(イ)63頁参照）に係る健康診断については30年間）保存しなければならない

・第3項健診と第4項健診は、種類が異なるので記録様式（**表6.1**）にその別を記載する必要がある

・リスクアセスメント対象物健康診断を受診した労働者に対しては、遅滞なく健康診断結果を通知しなければならない

(8)　既存の特殊健康診断との関係について

リスクアセスメント対象物のうち、特別規則に基づく特殊健康診断の実施が義務付けられている物質及び安衛則第48条に基づく歯科検診の実施が義務付けられている物質については、リスクアセスメント対象物健康診断を実施する必要はない。

なお、安衛則第45条に規定する特定業務従事者健康診断（安衛則第13条第1項第3号ル及びヲに規定する化学物質に係るものに限る。）については、「化学物質の自律的な管理における健

表6.1　リスクアセスメント対象物健康診断の記録様式

安衛則様式第24号の２（第577条の２関係）（表面）

リスクアセスメント対象物健康診断個人票

氏　名			生年月日	年 月 日	雇入年月日	年 月 日
			性別	男・女		
製造し、又は取り扱うリスクアセスメント対象物の名称						
医師又は歯科医師による健康診断	健康診断実施者		医師 ・ 歯科医師			
	検診年月日		年 月 日	年 月 日	年 月 日	年 月 日
	検診の種別		（第　項）	（第　項）	（第　項）	（第　項）
	医師又は歯科医師が必要と認める項目					
	医師又は歯科医師の診断					
	健康診断を実施した医師又は歯科医師の氏名					
	医師又は歯科医師の意見					
	意見を述べた医師又は歯科医師の氏名					
備考						

安衛則様式第24号の２（第577条の２関係）（裏面）

［備考］

1　記載すべき事項のない欄又は記入枠は、空欄のままとすること。

2　「健康診断実施者」の欄中、「医師」又は「歯科医師」のうち、該当しない文字を抹消すること。

3　「健診の種別」の欄の「（第 項）」内には、労働安全衛生規則第577条の２第３項の健康診断（リスクアセスメントの結果に基づき、関係労働者の意見を聴き、必要があると認めるときに行う健康診断）を実施した場合は「３」を、同条第４項の健康診断（厚生労働大臣が定める濃度の基準を超えてリスクアセスメント対象物にばく露したおそれがあるときに行う健康診断）を実施した場合は「４」を記入すること。

4　「医師又は歯科医師が必要と認める項目」の欄は、リスクアセスメント対象物ごとに医師又は歯科医師が必要と判断した検診又は検査等の名称及び結果を記入すること。

5　「医師又は歯科医師の診断」の欄は、異常なし、要精密検査、要治療等の医師又は歯科医師の診断を記入すること。

6　「医師又は歯科医師の意見」の欄は、健康診断の結果、異常の所見があると診断された場合に、就業上の措置について医師又は歯科医師の意見を記入すること。

康診断に関する検討報告書」（化学物質の自律的な管理における健康影響モニタリングにかかる専門家会議　２０２３年８月）において、「廃止することが適当」とされている。

⑼　がん原性物質の作業記録の保存（安衛則第５７７条の２）

リスクアセスメント対象物のうち、がん原性のある物質（４⑵(イ)63頁参照）として厚生労働大臣が定めるものを製造し、または取り扱う業務を行う場合は、1年以内ごとに1回、定期に、当該業務の作業歴について記録をし、当該記録を30年間保存しなければならない。

⑽　がん等の遅発性疾病の把握の強化（安衛則第97条の２）

化学物質を製造し、または取り扱う同一事業場において、1年に複数の労働者が同種のがんに罹患したことを把握したときは、当該がんへの罹患が業務に起因する可能性について医師の意見を聴き、医師が当該罹患が業務に起因するものと疑われると判断した場合は、遅滞なく、当該労働者の従事業務の内容等について、所轄都道府県労働局長に報告しなければならない。

⑾　健診結果等の長期保存が必要なデータの保存

30年以上の長期保存が必要なデータについては、労働者の転職等も考えられることから、国は第三者機関（公的機関）による保存の仕組みを検討する、としている。

がん等の遅発性の疾病の把握とデータ保存に関してまとめると**図6.1**のようになる。

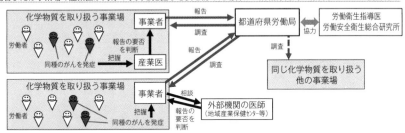

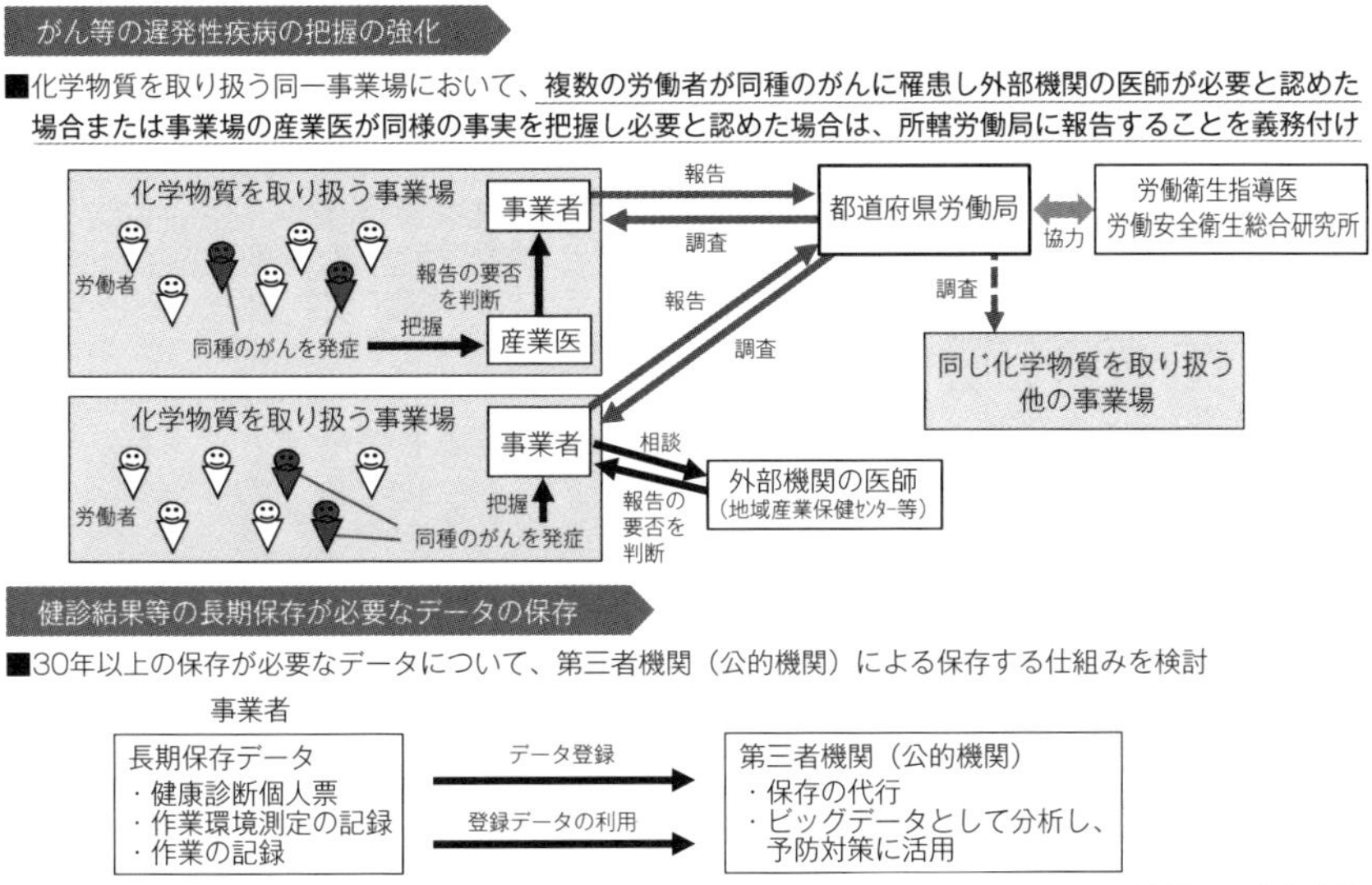

（資料：厚生労働省）

図6.1　がん等の遅発性の疾病の把握とデータ保存のあり方

(12) 特別規則による健康診断

特殊健康診断は、該当する特別規則（特化則、有機則、鉛則、四アルキル則）に従って管理されている期間はこれを継続することとなるが、要件を満たせば健康診断の頻度の緩和がなされることとなった。詳しくは7(2)(ア)を参照。

粉じん則も特別規則であるが、じん肺健診は「じん肺法」で規定されており、今回の改正による変更はない。石綿則による特殊健診の取扱いは今後検討される予定であり、該当する労働者については従来通り実施する必要がある。

7 特別規則関連

特化則、有機則などの特別規則は（2024年から）5年後を目途に廃止の方向とされたが、少なくともそれまでの期間、化学物質を適切に管理してきた事業場には措置の緩和を、また適切な管理が困難であり第三管理区分が続いてきた事業場には措置の強化が定められた。

(1) 化学物質管理の水準が一定以上の事業場の個別規制の適用除外（特化則第2条の3、有機則第4条の2、鉛則第3条の2、粉じん則第3条の2）

化学物質管理の水準が一定以上であると所轄都道府県労働局長が認定した事業場については、当該認定に係る特化則、有機則、鉛則、粉じん則の特別規則について個別規制の適用が除外*され、当該特別規則の適用物質に係る管理を、事業者による自律的な管理（リスクアセスメントに基づく管理）に委ねることができることとなった。

●認定の主な要件

① 認定を受けようとする事業場に、専属の化学物質管理専門家（**図4.1**参照）が配置されていること。

② 過去3年間に、各特別規則が適用される化学物質等による死亡または休業4日以

---

* 所轄都道府県労働局長の認定は、事業者からの申請に基づき、特化則、有機則、鉛則または粉じん則の各省令ごとに別々に行い、当該認定に係る省令についての個別規制について適用除外とする。

上の労働災害が発生していないこと。
③　過去3年間に、各特別規則に基づき行われた作業環境測定の結果が全て第一管理区分であったこと。
④　過去3年間に、各特別規則に基づき行われた特殊健康診断の結果、新たに異常所見があると認められる労働者がいなかったこと。
（粉じん則については、じん肺健康診断の結果、新たにじん肺の所見があると認められた者またはじん肺管理区分が決定された者で当該区分より上位の区分に決定された者がいなかったこと。）
⑤　過去3年間に1回以上、リスクアセスメント及びその結果に基づく措置について、外部の化学物質管理専門家による評価を受け、必要な措置が適切に講じられていると認められること。
⑥　過去3年間に安衛法及びこれに基づく命令に違反していないこと。

(2)　特別規則に基づく措置の柔軟化

(ア)　ばく露の程度が低い場合における健康診断の頻度の緩和（特化則第39条、有機則第29条、鉛則第53条、四アルキル則第22条）

有機溶剤、特定化学物質（製造禁止物質、特別管理物質を除く。）、鉛、四アルキル鉛に関する特殊健康診断の実施頻度について、作業環境管理やばく露防止対策等が適切に実施されてい

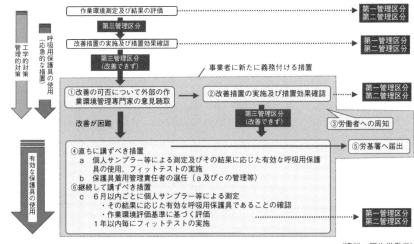

表7.1　特殊健康診断の頻度の緩和の要件

要件	実施頻度
以下のいずれも満たす場合（区分1） ①　当該労働者が作業する単位作業場所における直近3回の作業環境測定結果が第一管理区分に区分されたこと。（※四アルキル鉛を除く。） ②　直近3回の健康診断において、当該労働者に新たな異常所見がないこと。 ③　直近の健康診断実施日から、ばく露の程度に大きな影響を与えるような作業内容の変更がないこと。	次回は1年以内に1回 （実施頻度の緩和の判断は、前回の健康診断実施日以降に、左記の要件に該当する旨の情報が揃ったタイミングで行う。）
上記以外（区分2）	次回は6月以内に1回

・上記要件を満たすかどうかの判断は、事業場単位ではなく、事業者が労働者ごとに行う。この際、労働衛生に係る知識または経験のある医師等の専門家の助言を踏まえて判断することが望ましい。
・同一の作業場で作業内容が同じで、同程度のばく露があると考えられる労働者が複数いる場合には、その集団の全員が上記要件を満たしている場合に実施頻度を1年以内ごとに1回に見直すことが望ましい。
・四アルキル鉛については、作業環境測定の実施が義務付けられていないが、健康診断項目として生物学的モニタリングが実施されていること等から、①の要件を除き、②及び③の要件を満たす場合に適用されることとなる。

る場合（**表7.1**）には、事業者は、当該健康診断の実施頻度（通常は6月以内ごとに1回）を1年以内ごとに1回に緩和できる。監督署等への報告は不要である。

(イ)　粉じん作業に対する発散抑制措置の柔軟化

特定粉じん発散源に対する措置について、作業環境測定の結果が第一管理区分であるなど、良好な作業環境を確保・継続的に維持することを前提に、事業者が多様な発散抑制措置を選択できる仕組みとされた。

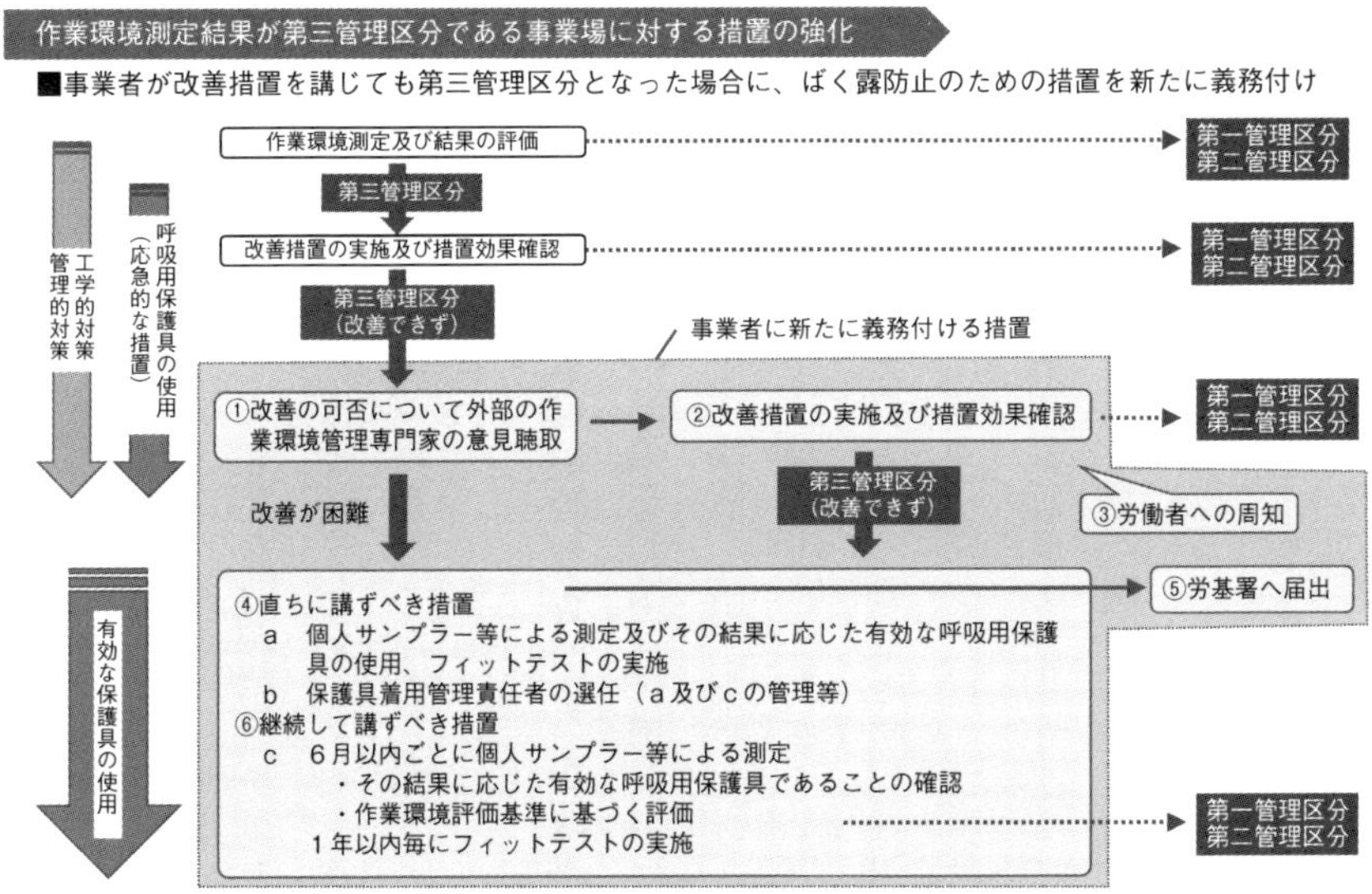

（資料：厚生労働省）

図7.1　作業環境測定結果が第三管理区分の事業場に対する措置の強化

（3）　作業環境測定結果が第三管理区分の事業場に対する措置の強化（特化則第36条の3の2～同3の3、有機則第28条の3の2～同3の3、鉛則第52条の3の2～同3の3、粉じん則第26条の3の2～同3の3、2024年4月1日施行）

特化則等に基づく作業環境測定の評価の結果、第三管理区分に区分された場所については、作業環境の改善を図るため、事業者には以下の措置が義務付けられる（**図7.1**）。

（ア）　作業環境測定の評価結果が第三管理区分に区分された場合の義務

事業者は、作業環境測定の結果、第三管理区分に区分された場所について、以下の措置を講じなければならない。

①　当該場所の作業環境の改善の可否及

び改善が可能な場合の方策について、外部の作業環境管理専門家の意見を聴くこと。

② 当該場所の作業環境の改善が可能な場合、作業環境管理専門家の意見を勘案して必要な改善措置を講じ、当該改善措置の効果を確認するための濃度測定を行い、その結果を評価すること。その場合の測定・評価は、当初行ったのと同じ方法で行うものとする。

(イ) (ア)①で作業環境管理専門家*が改善困難と判断した場合及び(ア)②の測定評価の結果なお第三管理区分に区分された場合の義務

事業者は、以下の措置を講じなければならない。

① 個人サンプリング法等による化学物質の濃度測定を行い、その結果に応じて労働者に有効な呼吸用保護具を使用させること。その場所における作業の一部を請負人に請け負わせる場合には、請負人にも有効な呼吸用保護具の使用が必要であることを周知すること。

② ①の呼吸用保護具が適切に装着されていることを確認すること。

③ ②の結果を記録し、3年間保存すること。

④ 保護具着用管理責任者（5(1)(イ)参照）を選任し、①～③の管理、作業主任者等の職務に対する指導（いずれも呼吸用保護具に関する

---

* 要件は、以下のように示されている。

① 化学物質管理専門家

② 労働衛生コンサルタント（労働衛生工学）又は労働安全コンサルタント（化学）として3年以上化学物質又は粉じんの管理に係る実務経験

③ 衛生工学衛生管理者として6年以上実務経験

④ 衛生管理士（労働衛生コンサルタント（労働衛生工学）に合格した者に限る。）に選任された者で3年以上の管理士又は化学物質管理の実務経験

⑤ 作業環境測定士として6年以上の実務経験

⑥ 作業環境測定士として4年以上の実務経験及び必要な研修等を終了した者

⑦ オキュペイショナル・ハイジニスト又は同等の外国の資格を有する者

事項に限る。）等を担当させること。

⑤　本章(3)(ア)①の作業環境管理専門家の意見の概要及び(3)(ア)②の措置及び評価の結果を労働者に周知すること。

⑥　上記措置を講じたときは、遅滞なく当該措置の内容について所轄労働基準監督署長に届け出ること。

(ウ)　評価結果が改善するまでの間の義務

本項(ア)②の場所の評価結果が、第三管理区分から第一管理区分または第二管理区分に改善するまでの間、事業者は上記①～③の措置に加え、以下の措置を講じなければならない。

①　6月以内ごと（鉛の場合は1年以内ごと）に1回、定期に、個人サンプリング法等による化学物質の濃度測定を行い、その結果に応じて労働者に有効な呼吸用保護具を使用させること。測定及び評価結果はその都度記録し、3年間（粉じんは7年間、クロム酸等については30年間）保存すること。

②　1年以内ごとに1回、定期に、呼吸用保護具が適切に装着されていることを確認すること。

(エ)　その他（2024年4月1日施行）

①　作業環境測定の結果、第三管理区分に区分され、上記(3)(ア)及び(イ)の措置を講ずるまでの

間の応急的な呼吸用保護具についても、有効な呼吸用保護具を使用させること。

② 個人サンプリング法等による測定結果、測定結果の評価結果、呼吸用保護具の装着確認結果を3年間（粉じんに係る測定結果及び評価結果については7年間）保存すること。

濃度測定や呼吸用保護具の選択・使用等の詳細は、厚生労働大臣告示*で定められている（**表7.2**）。

●個人サンプリング法等による濃度測定方法等

・デザイン及びサンプリングは、労働者の身体に装着する試料採取機器等を用いて行う作業環境測定（個人サンプリング法）について登録を受けている作業環境測定士に実施させること。

・濃度の測定方法及び分析方法は、作業環境測定基準（昭和51年労働省告示第46号）を準用する。測定は、原則として個人サンプリング法によること。

●有効な呼吸用保護具の選択方法

・呼吸用保護具は、要求防護係数を上回る指定防護係数を有するものでなければならないものとする。

●呼吸用保護具が適切に装着されていることの確認方法

呼吸用保護具の装着の確認方法は、当該呼吸用保護具（面体を有するものに限る。）を使用する労働者について、日本産業規格T８１５０（呼吸用保護具の選択、使用及

---

* 「第三管理区分に区分された場所に係る有機溶剤等の濃度の測定の方法等」（令和4年11月30日厚生労働省告示第341号）

表7.2　作業環境測定結果が第三管理区分の事業場に対する措置の強化
（令和４年厚生労働省告示第341号の内容）

<table>
<tr><th></th><th>特化則</th><th>有機則</th><th>鉛則</th><th>粉じん則</th></tr>
<tr><td>濃度の測定</td><td>・作業環境測定
個人サンプリング法※1が原則。ただし、個人サンプリング法が不可の物質はAB測定※2を実施。
又は
・個人ばく露測定※3</td><td>・作業環境測定
個人サンプリング法※1が原則。ただし、個人サンプリング法が不可の物質はAB測定※2を実施。
又は
・個人ばく露測定※3</td><td>・作業環境測定
（個人サンプリング法※1）
又は
・個人ばく露測定※3</td><td>・作業環境測定
（AB測定※2）
又は
・個人ばく露測定※3</td></tr>
<tr><td>測定対象物質</td><td>・個人サンプリング法及び個人ばく露測定ともにベリリウムおよびその化合物他25物質（個人サンプリング法対象特化物）
・AB測定は個人サンプリング法対象特化物以外の特化物</td><td>・個人サンプリング法は第１種・第２種有機溶剤及び特別有機溶剤の全物資
・AB測定は個人サンプリング法対象作業以外の作業における有機溶剤等
・個人ばく露測定は全ての有機溶剤</td><td>・個人サンプリング法及び個人ばく露測定ともに鉛</td><td>・個人サンプリング法は遊離けい酸の含有率が極めて高いものを除く粉じん。個人ばく露測定は全ての粉じん</td></tr>
<tr><td rowspan="2">呼吸用保護具の選択</td><td colspan="4">使用する呼吸用保護具は要求防護係数を上回る指定防護係数を有するものでなければならない。</td></tr>
<tr><td colspan="3">$PFr = \frac{C}{C_o}$
PFr：要求防護係数
C：濃度の測定の結果得られた値※3
C_o：作業環境評価基準で定める物質別の管理濃度</td><td>$PFr = \frac{C}{C_o}$
$C_o = \frac{3.0}{(1.19Q+1)}$
Q：遊離けい酸含有率</td></tr>
<tr><td>呼吸用保護具の装着確認</td><td colspan="4">JIS T8150に定める方法（フィットテスト）により求めたフィットファクタが呼吸用保護具の種類に応じた要求フィットファクタを上回っていることを確認する。
$FF = \frac{C_{out}}{C_{in}}$
FF：フィットファクタ（労働者の顔面と呼吸用保護具の面体との密着の程度を表す係数）
C_{out}：呼吸用保護具の外側の測定対象物質の濃度
C_{in}：呼吸用保護具の内側の測定対象物の濃度
要求フィットファクタ：全面形面体呼吸用保護具は500、半面形面体呼吸用保護具は100</td></tr>
</table>

※1　労働者の身体に装着する試料採取機器等を用いて行う作業環境測定（C・D測定ともいう。）。D測定は、最も濃度が高くなる時間と作業位置で行う個人サンプリング法による作業環境測定。

※2　A測定は、測定場所の床面上に引いた等間隔の縦横線の交点で行う作業環境測定。B測定は、最も濃度が高くなる時間と作業位置で行う作業環境測定。

※3　労働者の身体に装着する試料採取機器等を用いて行う方法により、労働者個人のばく露（労働者の呼吸域の濃度）を測定する方法

※4　作業環境測定の場合は、第一評価値又はB測定若しくはD測定の測定値のうち高い値。個人ばく露測定の場合は、測定値の最大値とする（第一評価値とは、単位作業場所におけるすべての測定点の作業時間における濃度の実現値のうち、高濃度側から５％に相当する濃度の推定値）。

（資料：厚生労働省資料を一部改変）

び保守管理方法）に定める方法またはこれと同等の方法により当該労働者の顔面と当該呼吸用保護具の面体との密着の程度を示す係数（フィットファクタ）を求め、当該フィットファクタが呼吸用保護具の種類に応じた要求フィットファクタ以上であること確認する方法とする。

8　行政の支援

前節までは政省令改正の内容について記述したが、本節では「自律的な管理」に向けた行政側からの支援についてまとめた。これらの内容は必ずしも全て行政が直接的に実施するわけではないが、「自律的な管理」を見据えて継続するもの、あるいは新たに計画され、民間の力も借りて継続的に実行されていくべきものである。

(1)　「ケミサポ」等ポータルサイトの充実

２０２３年10月に労働安全衛生総合研究所にポータルサイト「ケミサポ」[*1]が開設された。ここでは自律的な化学物質管理に関してわかりやすく説明している。また以下(2)～(5)の項目について記載あるいは関連サイトにリンクしている。さらに労働者死傷病報告等災害データの解析から得られる特定物質の生体影響に関する注意喚起、リスクアセスメントの業界マニュアル、保護具に関する情報、諸外国及び国際機関の動向等についての情報発信が予定されている。今後これらの情報は労働安全衛生総合研究所がハブとなり発信していくことになる。

＊1　職場の化学物質管理総合サイト「ケミサポ」((独)労働者健康安全機構 労働安全衛生総合研究所)：https://cheminfo.johas.go.jp/

(2) 化学物質の危険性・有害性に関する情報の伝達の継続・強化

(ア) 国連GHS文書の和訳の公表

GHSのルールを記した国連GHS文書（パープルブック）は2年に一度改訂されている。同文書の和訳は「化学品の分類および表示に関する世界調和システム（GHS）関係省庁連絡会議」（厚生労働省、消費者庁、消防庁、外務省、農林水産省、経済産業省、国土交通省、環境省、GHS専門家小委員会委員、製品評価技術基盤機構、日本化学工業協会、GHS国内専門家で構成）で行っており、仮訳が厚生労働省をはじめ経済産業省、環境省などのホームページ[*1]で公開されている。

(イ) TDG文書の和訳の公表

TDG（国連危険物輸送に関する勧告）[*2]は、化学物質の輸送方法や容器、危険有害性の情報伝達など、化学物質の輸送に関して国連が定めた国際ルールである。TDG文書の和訳は、(独)労働者健康安全機構 労働安全衛生総合研究所のホームページ[*3]で公開されている。対訳文書は日本規格協会から出版されている。

＊1　**厚生労働省**：https://www.mhlw.go.jp/bunya/roudoukijun/anzeneisei55/index.html
経済産業省；https://www.meti.go.jp/policy/chemical_management/int/ghs_text.html
環境省：https://www.env.go.jp/chemi/ghs/

＊2　**TDG**：United Nations Recommendations on the Transport of Dangerous Goods

＊3　**労働安全衛生総合研究所**：https://www.jniosh.johas.go.jp/groups/tdg/tdg.html

(ウ)　ＭＴＣ和訳の公表

ＭＴＣ（試験方法及び判定基準のマニュアル）[*1]は、危険物を判断するための試験方法や判定基準を記したマニュアルで、もともとＴＤＧのためのものであったが、２０１９年に発行された第７版からはＴＤＧに加えＧＨＳのためのマニュアルとなった。和訳は労働安全衛生総合研究所のホームページで公開されている。対訳文書は日本規格協会から出版されている。

(エ)　ＯＥＣＤテストガイドライン

化学物質の有害性の試験方法及び評価に関してはＯＥＣＤテストガイドラインが国際的に合意されたものとして利用されている。これらの和訳は国立医薬品食品衛生研究所のホームページ[*2]で公開されている。

(オ)　ＧＨＳ分類結果の公表

これまでＧＨＳ分類がされていなかった化学物質について、ＧＨＳ関係省庁連絡会議では年間50～１００物質のペースで分類を行っていく予定である。これまでの分類結果は㈱製品評価技術基盤機構（ＮＩＴＥ）ホームページの「ＧＨＳ分類結果データベース」[*3]に公開されている。これらの分類結果は英訳でも公表されており、国際的にも利用されている。

＊1　**MTC**：Manual of Tests and Criteria
＊2　**国立医薬品食品衛生研究所**：https://www.nihs.go.jp/hse/chem-info/oecdindex.html
＊3　**製品評価技術基盤機構**：https://www.nite.go.jp/chem/ghs/ghs_nite_download.html

なお、事業者が自ら分類を行う際の手引きとなる「ＧＨＳ分類ガイダンス」も、経済産業省のホームページ[*1]で公開されている。

(カ) モデルラベル・モデルＳＤＳの公表

国が制作したモデルラベル、モデルＳＤＳは、厚生労働省のホームページ「職場のあんぜんサイト」[*2]で公表されている。２０２３年現在でモデルラベルは２８００物質あまり、モデルＳＤＳは３２００物質あまりがアップされており、今後も年間に50～１００物質が追加されていく予定である。

(3) 濃度基準値に関する情報の提供

濃度基準値については、２０２３年度にリスク評価済等の約67物質に設定し、以降は許容濃度やＴＬＶ－ＴＷＡ等を参考に、毎年２００物質を加えていく予定である。

(4) 労働者等教育に関するカリキュラムの策定及び講習

リスクアセスメント対象物製造事業場における化学物質管理者の専門的講習の科目等の教育内容については、厚生労働大臣が定めて告示されている。教育は各事業場で行うこともできるが、各種教習機関においても講習会を開催している。

また、製造事業場以外の化学物質管理者向け教育についても、その内容等が通達で

＊1　**経済産業省**：https://www.meti.go.jp/policy/chemical_management/int/ghs_tool_01GHSmanual.html

＊2　**職場のあんぜんサイト**：https://anzeninfo.mhlw.go.jp/anzen_pg/GHS_MSD_FND.aspx

示されている。

専門的講習の教材は中央労働災害防止協会、日本規格協会等から出版されており、厚生労働省からは電子情報[*1]として公表されている。

(5) 中小企業に対する支援の強化（電話・メール相談、専門家派遣等）

国による中小企業向けの相談・支援事業が行われている[*2]。また、各業界団体等による業種・職種ごとのリスクアセスメントマニュアルの作成も徐々に進んでいる。

＊1　https://www.mhlw.go.jp/content/11300000/001035443.pdf
＊2　https://www.mhlw.go.jp/stf/seisakunitsuite/bunya/0000046255.html

9　今後の課題と期待

(1)　今後の課題

・50年以上続いた法令順守型が染みついた思考を変えることは容易ではないが、危険性・有害性の情報共有及びリスクアセスメントに基づいた化学物質管理を進める必要がある。

・ラベル貼付及びＳＤＳ交付対象物質には、安衛法第57条及び第57条の２の義務及び安衛則第24条の14及び第24条の15関連の努力義務があり、事業者はそれぞれどのような対応をすべきか戸惑うであろう。事業場での化学物質管理及び製品に関する情報伝達は事業者の責任において行うべきものであることを踏まえて対応する必要があろう。

・リスクアセスメントにおいてもリスクアセスメント対象物の義務とリスクアセスメント対象物以外の努力義務が混在し、事業者は問題解決の優先順位に苦慮する可能性がある。

・これまで小規模事業場対策は遅々として進んでこなかったが、これには従業員50人を境とした制度上の不備も一因と考えられる。今回の政省令改正においては事業場規模及び業種を限定しない化学物質管理者の選任義務及び化学物質管理に関する教育の拡大が規定された。今後はこれらの制度をいかに普及させるかが課題となろう。

(2) 第14次労働災害防止計画～化学物質等による健康障害防止対策の推進～

・第14次労働災害防止計画（以下、「14次防」という）においては、これまでにない新しい考え方が示されている。特に「誰もが安全で健康に働くためには、労働者の安全衛生対策の責務を負う事業者や注文者のほか、労働者等の関係者が、安全衛生対策について自身の責任を認識し、真摯に取り組むことが重要である。」とあり、さらにすべての重点事項において「労働者の協力を得て、事業者が取り組むこと」と述べられていることは、今後の労働安全衛生の方向性を示すものと考える。

・「化学物質の自律的な管理」は他の重点事項より先行しており、これの成否が14次防の試金石となる。アウトプット指標にあるラベル表示・SDS交付及びリスクアセスメント実施率の目標は目新しいものではないが、要はこれら目標が労働者との危険性・有害性の情報共有と結びつき、リスクの削減さらには労働災害減少の成果となって表れるかどうかがポイントである。これまでは情報共有の方法が曖昧であったが、今後は化学物質管理者を通じた労働者との情報共有が可能になるであろう。

(3) 期待

・労働者一人ひとりが取り扱う化学物質の危険性・有害性を認識し、リスクアセスメントさらにばく露低減対策にも参加することで労働災害を防止する。

・事業者は自らの判断で対策を優先するべき物質、リスクアセスメントの方法さらにばく露低減対策を決定することで、効率的な資源の活用ができる。

・これまで日本で培われてきたきめ細かな施策を有機的に連携させることで、国際的に見ても一歩進んだ化学物質の「自律的な管理」の体系が構築できる。

・化学物質の自律的な管理を通して「安全文化」を醸成する。

付録1　第14次労働災害防止計画*の概要

化学物質による健康障害防止対策

(ア)　労働者の協力を得て、事業者が取り組むこと

化学物質を製造し、取り扱い、または譲渡・提供する事業者において、化学物質管理者の選任及び外部専門人材の活用を行うに当たり、次の2つの事項を的確に実施する。

・化学物質を製造する事業者は、製造時等のリスクアセスメント等の実施及びその結果に基づく自律的なばく露低減措置を実施し、並びに譲渡提供時のラベル表示・SDSを交付する。SDSの交付に当たっては、必要な保護具の種類も含め「想定される用途及び当該用途における使用上の注意」を記載する。

・化学物質を取り扱う事業者は、入手したSDS等に基づくリスクアセスメント等の実施及びその結果に基づく自律的なばく露低減措置を実施する。

(イ)　(ア)の達成に向けて国等が取り組むこと

・化学物質管理者講習（法定及び法定外のもの）のテキスト等の教材作成等による化学物質管理者等の育成支援を図る。

・リスクアセスメント及びその結果に基づく措置や、濃度基準値順守のための業種別・作業別の化学物質ばく露防止対策マニュアルの作成支援を行う。

・中小事業者向けに、業種別の特徴を捉えた化学物質管理に係る相談窓口の設置、訪問指導の実施、人材育成（講習会）の機会の提供等を行う。

・各都道府県の化学物質管理専門家リスト等の作成により、事業者における専門家へのアクセスの円滑化を図るとともに、化学物質管理に係る協議会を立ち上げる。

・労働安全衛生総合研究所化学物質情報管理研究センターにおけるGHS分類・モデルSDS作成、クリエイト・シンプル（簡易リスクアセスメントツール）の改修及び周知等の事業場における化学物質管理の支援を行う。

アウトプット指標（事業者の目標）

労働安全衛生調査によると、13次防期間におけるラベル表示、SDS交付、リスクアセスメントの実施率の平均は、それぞれ69・1%、70・4%、57・9%である。13次防期間中の取組みに係る各種指標の推移を見ると、4年目において概ね0～10%程度の増加となっている。このことから災害防止計画により重点的に取り組んだ場合の安全衛生の取組みの推移は、10%程度の増加が最大期待できると考えられるところである。このことから、ラベル・SDSについては80%以上にすることを目標としている。

リスクアセスメントについては、13次防期間中に概ね20%程度の増加となっており、今後も同程度の増加が期待できることから、80%以上にすることを目標としている。また、リスクアセスメントの結果に基づき、労働者の危険又は健康障害を防止するため必要な措置の実施については、リスクアセスメントを実施していることが前提となるため、リスクアセスメントと同じ80%以上にすることを目標としている。

* https://www.mhlw.go.jp/content/11201250/000994095.pdf
https://www.mhlw.go.jp/content/11201250/001012834.pdf

アウトカム指標（国としての目標）

化学物質の性状に関連の強い死傷災害（有害物等との接触、爆発、火災によるもの）（２０１７年から２０２１年の平均）は、４９２件である。危険性又は有害性のある化学物質についてラベル表示、ＳＤＳ交付、リスクアセスメントの実施とそれらに基づき労働者の危険又は健康障害を防止するため必要な措置を講ずる事業場の割合がそれぞれ80％に進捗すれば（アウトプット指標達成）、５％災害が減少し、２０２７年の化学物質による災害は、４６７件（２０１７年から２０２１年の平均と比べ25件・5.1％減）となることが期待できる。

付録2　関連法令

労働安全衛生法

第二十二条　事業者は、次の健康障害を防止するため必要な措置を講じなければならない。

一　原材料、ガス、蒸気、粉じん、酸素欠乏空気、病原体等による健康障害

二、三　略

四　排気、排液又は残さい物による健康障害

第二十七条　第二十条から第二十五条まで及び第二十五条の二第一項の規定により事業者が講ずべき措置及び前条の規定により労働者が守らなければならない事項は、厚生労働省令で定める。

2　略

（事業者の行うべき調査等）

第二十八条の二　事業者は、厚生労働省令で定めるところにより、建設物、設備、原材料、ガス、蒸気、粉じん等による、又は作業行動その他業務に起因する危険性又は有害性等（第五十七条第一項の政令で定める物及び第五十七条の二第一項に規定する通知対象物による危険性又は有害性等を除く。）を調査し、その結果に基づいて、この法律又はこれに基づく命令の規定による措置を講ずるほか、労働者の危険又は健康障害を防止するため必要な措置を講ずるように努めなければならない。ただし、当該調査のうち、化学物質、化学物質を含有する製剤その他の物で労働者の危険又は健康障害を生ずるおそれのあるものに係るもの以外のものについては、製造業その他厚生労働省令で定める業種に属する事業者に限る。

2　厚生労働大臣は、前条第一項及び第三項に定めるもののほか、前項の措置に関して、その適切かつ有効な実施を図るため必要な指針を公表するものとする。

3　厚生労働大臣は、前項の指針に従い、事業者又はその団体に対し、必要な指導、援助等を行うことができる。

（表示等）

第五十七条　爆発性の物、発火性の物、引火性の物その他の労働者に危険を生ずるおそれのある物若しくはベンゼン、ベンゼンを含有する製剤その他の労働者に健康障害を生ずるおそれのある物で政令で定めるもの又は前条第一項の物を容器に入れ、又は包装して、譲渡し、又は提供する者は、厚生労働省令で定めるところにより、その容器又は包装（容器に入れ、かつ、包装して、譲渡し、又は提供するときにあつては、その容器）に次に掲げるものを表示しなければならない。ただし、その容器又は包装のうち、主として一般消費者の生活の用に供するためのものについては、この限りでない。

一　次に掲げる事項

イ　名称

ロ　人体に及ぼす作用

ハ　貯蔵又は取扱い上の注意

ニ　イからハまでに掲げるもののほか、厚生労働省令で定める事項

二　当該物を取り扱う労働者に注意を喚起するための標章で厚生労働大臣が定めるもの

2　前項の政令で定める物又は前条第一項の物を前項に規定する方法以外の方法により譲渡し、又は提供する者は、厚生労働省令で定めるところにより、同項各号の事項を記載した文書を、譲渡し、又は提供する相手方に交付しなければならない。

（文書の交付等）

第五十七条の二　労働者に危険若しくは健康障害を生ずるおそれのある物で政令で定めるもの又は第五十六条第一項の物（以下この条及び次条第一項において「通知対象物」という。）を譲渡し、又は提供する者は、文書の交付その他厚生労働省令で定める方法により通知対象物に関する次の事項（前条第二項に規定する者にあつては、同項に規定する事項を除く。）を、譲渡し、又は提供する相手方に通知しなければならない。ただし、主として一般消費者の生活の用に供される製品として通知対象物を譲渡し、又は提供する場合については、この限りでない。

一　名称

二　成分及びその含有量

三　物理的及び化学的性質

四　人体に及ぼす作用

五　貯蔵又は取扱い上の注意

六　流出その他の事故が発生した場合において講ずべき応急の措置

七　前各号に掲げるもののほか、厚生労働省令で定める事項

2　通知対象物を譲渡し、又は提供する者は、前項の規定により通知した事項に変更を行う必要が生じたときは、文書の交付その他厚生労働省令で定める方法により、変更後の同項各号の事項を、速やかに、譲渡し、又は提供した相手方に通知するよう努めなければならない。

3　前二項に定めるもののほか、前二項の通知に関し必要な事項は、厚生労働省令で定める。

（第五十七条第一項の政令で定める物及び通知対象物について事業者が行うべき調査等）

第五十七条の三　事業者は、厚生労働省令で定めるところにより、第五十七条第一項の政令で定める物及び通知対象物による危険性又は有害性等を調査しなければならない。

2　事業者は、前項の調査の結果に基づいて、この法律又はこれに基づく命令の規定による措置を講ずるほか、労働者の危険又は健康障害を防止するため必要な措置を講ずるように努めなければならない。

3　厚生労働大臣は、第二十八条第一項及び第三項に定めるもののほか、前二項の措置に関して、その適切かつ有効な実施を図るため必要な指針を公表するものとする。

4　厚生労働大臣は、前項の指針に従い、事業者又はその団体に対し、必要な指導、援助等を行うことができる。

第百十九条　次の各号のいずれかに該当する者は、六月以下の懲役又は五十万円以下の罰金に処する。

一　第十四条、第二十条から第二十五条まで、第二十五条の二第一項、第三十条の三第一項若しくは第四項、第三十一条第一項、第三十一条の二、第三十三条第一項若しくは第二項、第三十四条、第三十五条、第三十八条第一項、第四十条第一項、第四十二条、第四十三条、第四十四条第六項、第四十四条の二第七項、第五十六条第三項若しくは第四項、第五十七

条の四第五項、第五十七条の五第五項、第五十九条第三項、第六十一条第一項、第六十五条第一項、第六十五条の四、第六十八条、第八十九条第五項（第八十九条の二第二項において準用する場合を含む。）、第九十七条第二項、第百五条又は第百八条の二第四項の規定に違反した者

二　略

三　第五十七条第一項の規定による表示をせず、若しくは虚偽の表示をし、又は同条第二項の規定による文書を交付せず、若しくは虚偽の文書を交付した者

四　略

自律的な管理のために改正された労働安全衛生規則

（傍線は改正部分。２０２４年４月１日までに順次施行）

（化学物質管理者が管理する事項等）

第十二条の五　事業者は、法第五十七条の三第一項の危険性又は有害性等の調査（主として一般消費者の生活の用に供される製品に係るものを除く。以下「リスクアセスメント」という。）をしなければならない令第十八条各号に掲げる物及び法第五十七条の二第一項に規定する通知対象物（以下「リスクアセスメント対象物」という。）を製造し、又は取り扱う事業場ごとに、化学物質管理者を選任し、その者に当該事業場における次に掲げる化学物質の管理に係る技術的事項を管理させなければならない。ただし、法第五十七条第一項の規定による表示（表示する事項及び標章に関することに限る。）、同条第二項の規定による文書の交付及び法第五十七条の二第一項の規定による通知（通知する事項に関することに限る。）（以下この条において「表示等」という。）並びに第七号に掲げる事項（表示等に係るものに限る。以下この条において「教育管理」という。）を、当該事業場以外の事業場（以下この項において「他の事業場」という。）において行つている場合においては、表示等及び教育管理に係る技術的事項については、他の事業場において選任した化学物質管理者に管理させなければならない。

一　法第五十七条第一項の規定による表示、同条第二項の規定による文書及び法第五十七条の二第一項の規定による通知に関すること。

二　リスクアセスメントの実施に関すること。

三　第五百七十七条の二第一項及び第二項の措置その他法第五十七条の三第二項の措置の内容及びその実施に関すること。

四　リスクアセスメント対象物を原因とする労働災害が発生した場合の対応に関すること。

五　第三十四条の二の八第一項各号の規定によるリスクアセスメントの結果の記録の作成及び保存並びにその周知に関すること。

六　第五百七十七条の二第十一項の規定による記録の作成及び保存並びにその周知に関すること。

七　第一号から第四号までの事項の管理を実施するに当たつての労働者に対する必要な教育に関すること。

2　事業者は、リスクアセスメント対象物の譲渡又は提供を行う事業場（前項のリスクアセスメント対象物を製造し、又は取り扱う事業場を除く。）ごとに、化学物質管理者を選任し、その者に当該事業場における表示等及び教育管理に係る技術的事項を管理させなければならない。ただし、表示等及び教育管理を、当該事業場以外の事業場（以下この項において「他の事業場」という。）において行つている場合においては、表示等及び教育管理に係る技術的事項については、他の事業場において選任した化学物質管理者に管理させなければならない。

3　前二項の規定による化学物質管理者の選任は、次に定めるところにより行わなければならない。

一　化学物質管理者を選任すべき事由が発生した日から十四日以内に選任すること。

二　次に掲げる事業場の区分に応じ、それぞれに掲げる者のうちから選任すること。

イ　リスクアセスメント対象物を製造している事業場　厚生労働大臣が定める化学物質の管理に関する講習を修了した

者又はこれと同等以上の能力を有すると認められる者

ロ　イに掲げる事業場以外の事業場　イに定める者のほか、第一項各号の事項を担当するために必要な能力を有すると認められる者

4　事業者は、化学物質管理者を選任したときは、当該化学物質管理者に対し、第一項各号に掲げる事項をなし得る権限を与えなければならない。

5　事業者は、化学物質管理者を選任したときは、当該化学物質管理者の氏名を事業場の見やすい箇所に掲示すること等により関係労働者に周知させなければならない。

（保護具着用管理責任者の選任等）

第十二条の六　化学物質管理者を選任した事業者は、リスクアセスメントの結果に基づく措置として、労働者に保護具を使用させるときは、保護具着用管理責任者を選任し、次に掲げる事項を管理させなければならない。

一　保護具の適正な選択に関すること。

二　労働者の保護具の適正な使用に関すること。

三　保護具の保守管理に関すること。

2　前項の規定による保護具着用管理責任者の選任は、次に定めるところにより行わなければならない。

一　保護具着用管理責任者を選任すべき事由が発生した日から十四日以内に選任すること。

二　保護具に関する知識及び経験を有すると認められる者のうちから選任すること。

3　事業者は、保護具着用管理責任者を選任したときは、当該保護具着用管理責任者に対し、第一項に掲げる業務をなし得る権限を与えなければならない。

4　事業者は、保護具着用管理責任者を選任したときは、当該保護具着用管理責任者の氏名を事業場の見やすい箇所に掲示すること等により関係労働者に周知させなければならない。

（衛生委員会の付議事項）

第二十二条　法第十八条第一項第四号の労働者の健康障害の防止及び健康の保持増進に関する重要事項には、次の事項が含まれるものとする。

一　衛生に関する規程の作成に関すること。

二　法第二十八条の二第一項又は第五十七条の三第一項及び第二項の危険性又は有害性等の調査及びその結果に基づき講ずる措置のうち、衛生に係るものに関すること。

三　安全衛生に関する計画（衛生に係る部分に限る。）の作成、実施、評価及び改善に関すること。

四　衛生教育の実施計画の作成に関すること。

五　法第五十七条の四第一項及び第五十七条の五第一項の規定により行われる有害性の調査並びにその結果に対する対策の樹立に関すること。

六　法第六十五条第一項又は第五項の規定により行われる作業環境測定の結果及びその結果の評価に基づく対策の樹立に関すること。

七　定期に行われる健康診断、法第六十六条第四項の規定による指示を受けて行われる臨時の健康診断、法第六十六条の二の自ら受けた健康診断及び法に基づく他の省令の規定に基づいて行われる医師の診断、診察又は処置の結果並びにその結果に対する対策の樹立に関すること。

八～十　略

十一　第五百七十七条の二第一項、第二項及び第八項の規定に

より講ずる措置に関すること並びに同条第三項及び第四項の医師又は歯科医師による健康診断の実施に関すること。

十二　厚生労働大臣、都道府県労働局長、労働基準監督署長、労働基準監督官又は労働衛生専門官から文書により命令、指示、勧告又は指導を受けた事項のうち、労働者の健康障害の防止に関すること。

（危険有害化学物質等に関する危険性又は有害性等の表示等）

第二十四条の十四　化学物質、化学物質を含有する製剤その他の労働者に対する危険又は健康障害を生ずるおそれのある物で厚生労働大臣が定めるもの（令第十八条各号及び令別表第三第一号に掲げる物を除く。次項及び第二十四条の十六において「危険有害化学物質等」という。）を容器に入れ、又は包装して、譲渡し、又は提供する者は、その容器又は包装（容器に入れ、かつ、包装して、譲渡し、又は提供するときにあつては、その容器）に次に掲げるものを表示するように努めなければならない。

一　次に掲げる事項

イ　名称

ロ　人体に及ぼす作用

ハ　貯蔵又は取扱い上の注意

ニ　表示をする者の氏名（法人にあつては、その名称）、住所及び電話番号

ホ　注意喚起語

ヘ　安定性及び反応性

二　当該物を取り扱う労働者に注意を喚起するための標章で厚生労働大臣が定めるもの

2　危険有害化学物質等を前項に規定する方法以外の方法により譲渡し、又は提供する者は、同項各号の事項を記載した文書を、譲渡し、又は提供する相手方に交付するよう努めなければならない。

第二十四条の十五　特定危険有害化学物質等（化学物質、化学物質を含有する製剤その他の労働者に対する危険又は健康障害を生ずるおそれのある物で厚生労働大臣が定めるもの（法第五十七条の二第一項に規定する通知対象物を除く。）をいう。以下この条及び次条において同じ。）を譲渡し、又は提供する者は、特定危険有害化学物質等に関する次に掲げる事項（前条第二項に規定する者にあつては、同条第一項に規定する事項を除く。）を、文書若しくは磁気ディスク、光ディスクその他の記録媒体の交付、ファクシミリ装置を用いた送信若しくは電子メールの送信又は当該事項が記載されたホームページのアドレス（二次元コードその他のこれに代わるものを含む。）及び当該アドレスに係るホームページの閲覧を求める旨の伝達により、譲渡し、又は提供する相手方の事業者に通知し、当該相手方が閲覧できるように努めなければならない。

一　名称

二　成分及びその含有量

三　物理的及び化学的性質

四　人体に及ぼす作用

五　貯蔵又は取扱い上の注意

六　流出その他の事故が発生した場合において講ずべき応急の措置

七　通知を行う者の氏名（法人にあつては、その名称）、住所及び電話番号

八　危険性又は有害性の要約

九　安定性及び反応性
十　想定される用途及び当該用途における使用上の注意
十一　適用される法令
十二　その他参考となる事項

２　特定危険有害化学物質等を譲渡し、又は提供する者は、前項第四号の事項について、直近の確認を行つた日から起算して五年以内ごとに一回、最新の科学的知見に基づき、変更を行う必要性の有無を確認し、変更を行う必要があると認めるときは、当該確認をした日から一年以内に、当該事項に変更を行うように努めなければならない。

３　特定危険有害化学物質等を譲渡し、又は提供する者は、第一項の規定により通知した事項に変更を行う必要が生じたときは、文書若しくは磁気ディスク、光ディスクその他の記録媒体の交付、ファクシミリ装置を用いた送信若しくは電子メールの送信又は当該事項が記載されたホームページのアドレス（二次元コードその他のこれに代わるものを含む。）及び当該アドレスに係るホームページの閲覧を求める旨の伝達により、変更後の同項各号の事項を、速やかに、譲渡し、又は提供した相手方の事業者に通知し、当該相手方が閲覧できるように努めなければならない。

（名称等の表示）

第三十二条　法第五十七条第一項の規定による表示は、当該容器又は包装に、同項各号に掲げるもの（以下この条において「表示事項等」という。）を印刷し、又は表示事項等を印刷した票箋を貼り付けて行わなければならない。ただし、当該容器又は包装に表示事項等の全てを印刷し、又は表示事項等の全てを印刷した票箋を貼り付けることが困難なときは、表示事項等のうち同項第一号ロからニまで及び同項第二号に掲げるものについては、これらを印刷した票箋を容器又は包装に結びつけることにより表示することができる。

第三十三条　法第五十七条第一項第一号ニの厚生労働省令で定める事項は、次のとおりとする。

一　法第五十七条第一項の規定による表示をする者の氏名（法人にあつては、その名称）、住所及び電話番号
二　注意喚起語
三　安定性及び反応性

第三十三条の二　事業者は、令第十七条に規定する物又は令第十八条各号に掲げる物を容器に入れ、又は包装して保管するとき（法第五十七条第一項の規定による表示がされた容器又は包装により保管するときを除く。）は、当該物の名称及び人体に及ぼす作用について、当該物の保管に用いる容器又は包装への表示、文書の交付その他の方法により、当該物を取り扱う者に、明示しなければならない。

（名称等の通知）

第三十四条の二の三　法第五十七条の二第一項及び第二項の厚生労働省令で定める方法は、磁気ディスク、光ディスクその他の記録媒体の交付、ファクシミリ装置を用いた送信若しくは電子メールの送信又は当該事項が記載されたホームページのアドレス（二次元コードその他のこれに代わるものを含む。）及び当該アドレスに係るホームページの閲覧を求める旨の伝達とする。

第三十四条の二の四　法第五十七条の二第一項第七号の厚生労働省令で定める事項は、次のとおりとする。

一　法第五十七条の二第一項の規定による通知を行う者の氏名（法人にあつては、その名称）、住所及び電話番号

二　危険性又は有害性の要約

三　安定性及び反応性

四　想定される用途及び当該用途における使用上の注意

五　適用される法令

六　その他参考となる事項

第三十四条の二の五　法第五十七条の二第一項の規定による通知は、同項の通知対象物を譲渡し、又は提供する時までに行わなければならない。ただし、継続的に又は反復して譲渡し、又は提供する場合において、既に当該通知が行われているときは、この限りでない。

2　法第五十七条の二第一項の通知対象物を譲渡し、又は提供する者は、同項第四号の事項について、直近の確認を行つた日から起算して五年以内ごとに一回、最新の科学的知見に基づき、変更を行う必要性の有無を確認し、変更を行う必要があると認めるときは、当該確認をした日から一年以内に、当該事項に変更を行わなければならない。

3　前項の者は、同項の規定により法第五十七条の二第一項第四号の事項に変更を行つたときは、変更後の同号の事項を、適切な時期に、譲渡し、又は提供した相手方の事業者に通知するものとし、文書若しくは磁気ディスク、光ディスクその他の記録媒体の交付、ファクシミリ装置を用いた送信若しくは電子メールの送信又は当該事項が記載されたホームページのアドレス（二次元コードその他のこれに代わるものを含む。）及び当該アドレスに係るホームページの閲覧を求める旨の伝達により、変更後の当該事項を、当該相手方の事業者が閲覧できるようにしなければならない。

第三十四条の二の六　法第五十七条の二第一項第二号の事項のうち、成分の含有量については、令別表第三第一号1から7までに掲げる物及び令別表第九に掲げる物ごとに重量パーセントを通知しなければならない。

2　前項の規定にかかわらず、一・四－ジクロロ－二－ブテン、鉛、一・三－ブタジエン、一・三－プロパンスルトン、硫酸ジエチル、令別表第三に掲げる物、令別表第四第六号に規定する鉛化合物、令別表第五第一号に規定する四アルキル鉛及び令別表第六の二に掲げる物以外の物であつて、当該物の成分の含有量について重量パーセントの通知をすることにより、契約又は交渉に関し、事業者の財産上の利益を不当に害するおそれがあるものについては、その旨を明らかにした上で、重量パーセントの通知を、十パーセント未満の端数を切り捨てた数値と当該端数を切り上げた数値との範囲をもつて行うことができる。この場合において、当該物を譲渡し、又は提供する相手方の事業者の求めがあるときは、成分の含有量に係る秘密が保全されることを条件に、当該相手方の事業場におけるリスクアセスメントの実施に必要な範囲内において、当該物の成分の含有量について、より詳細な内容を通知しなければならない。

（リスクアセスメントの実施時期等）

第三十四条の二の七　リスクアセスメントは、次に掲げる時期に行うものとする。

一　リスクアセスメント対象物を原材料等として新規に採用

し、又は変更するとき。

二　リスクアセスメント対象物を製造し、又は取り扱う業務に係る作業の方法又は手順を新規に採用し、又は変更するとき。

三　前二号に掲げるもののほか、リスクアセスメント対象物による危険性又は有害性等について変化が生じ、又は生ずるおそれがあるとき。

2　リスクアセスメントは、リスクアセスメント対象物を製造し、又は取り扱う業務ごとに、次に掲げるいずれかの方法（リスクアセスメントのうち危険性に係るものにあつては、第一号又は第三号（第一号に係る部分に限る。）に掲げる方法に限る。）により、又はこれらの方法の併用により行わなければならない。

一　当該リスクアセスメント対象物が当該業務に従事する労働者に危険を及ぼし、又は当該リスクアセスメント対象物により当該労働者の健康障害を生ずるおそれの程度及び当該危険又は健康障害の程度を考慮する方法

二　当該業務に従事する労働者が当該リスクアセスメント対象物にさらされる程度及び当該リスクアセスメント対象物の有害性の程度を考慮する方法

三　前二号に掲げる方法に準ずる方法

（リスクアセスメントの結果等の記録及び保存並びに周知）

第三十四条の二の八　事業者は、リスクアセスメントを行つたときは、次に掲げる事項について、記録を作成し、次にリスクアセスメントを行うまでの期間（リスクアセスメントを行つた日から起算して三年以内に当該リスクアセスメント対象物についてリスクアセスメントを行つたときは、三年間）保存するとともに、当該事項を、リスクアセスメント対象物を製造し、又は取り扱う業務に従事する労働者に周知させなければならない。

一　当該リスクアセスメント対象物の名称

二　当該業務の内容

三　当該リスクアセスメントの結果

四　当該リスクアセスメントの結果に基づき事業者が講ずる労働者の危険又は健康障害を防止するため必要な措置の内容

2　前項の規定による周知は、次に掲げるいずれかの方法により行うものとする。

一　当該リスクアセスメント対象物を製造し、又は取り扱う各作業場の見やすい場所に常時掲示し、又は備え付けること。

二　書面を、当該リスクアセスメント対象物を製造し、又は取り扱う業務に従事する労働者に交付すること。

三　磁気ディスク、光ディスクその他の記録媒体に記録し、かつ、当該リスクアセスメント対象物を製造し、又は取り扱う各作業場に、当該リスクアセスメント対象物を製造し、又は取り扱う業務に従事する労働者が当該記録の内容を常時確認できる機器を設置すること。

（改善の指示等）

第三十四条の二の十　労働基準監督署長は、化学物質による労働災害が発生した、又はそのおそれがある事業場の事業者に対し、当該事業場において化学物質の管理が適切に行われていない疑いがあると認めるときは、当該事業場における化学物質の管理の状況について改善すべき旨を指示することができる。

2　前項の指示を受けた事業者は、遅滞なく、事業場における化学物質の管理について必要な知識及び技能を有する者として厚生労働大臣が定めるもの（以下この条において「化学物質管理専門家」という。）から、当該事業場における化学物質の管理の状況についての確認及び当該事業場が実施し得る望ましい改

善措置に関する助言を受けなければならない。

3　前項の確認及び助言を求められた化学物質管理専門家は、同項の事業者に対し、当該事業場における化学物質の管理の状況についての確認結果及び当該事業場が実施し得る望ましい改善措置に関する助言について、速やかに、書面により通知しなければならない。

4　事業者は、前項の通知を受けた後、一月以内に、当該通知の内容を踏まえた改善措置を実施するための計画を作成するとともに、当該計画作成後、速やかに、当該計画に従い必要な改善措置を実施しなければならない。

5　事業者は、前項の計画を作成後、遅滞なく、当該計画の内容について、第三項の通知及び前項の計画の写しを添えて、改善計画報告書（様式第四号）により、所轄労働基準監督署長に報告しなければならない。

6　事業者は、第四項の規定に基づき実施した改善措置の記録を作成し、当該記録について、第三項の通知及び第四項の計画とともに三年間保存しなければならない。

（雇入れ時等の教育）

第三十五条　事業者は、労働者を雇い入れ、又は労働者の作業内容を変更したときは、当該労働者に対し、遅滞なく、次の事項のうち当該労働者が従事する業務に関する安全又は衛生のため必要な事項について、教育を行なわなければならない。

一　機械等、原材料等の危険性又は有害性及びこれらの取扱い方法に関すること。

二　安全装置、有害物抑制装置又は保護具の性能及びこれらの取扱い方法に関すること。

三　作業手順に関すること。

四　作業開始時の点検に関すること。

五　当該業務に関して発生するおそれのある疾病の原因及び予防に関すること。

六　整理、整頓及び清潔の保持に関すること。

七　事故時等における応急措置及び退避に関すること。

八　前各号に掲げるもののほか、当該業務に関する安全又は衛生のために必要な事項

2　事業者は、前項各号に掲げる事項の全部又は一部に関し十分な知識及び技能を有していると認められる労働者については、当該事項についての教育を省略することができる。

（疾病の報告）

第九十七条の二　事業者は、化学物質又は化学物質を含有する製剤を製造し、又は取り扱う業務を行う事業場において、一年以内に二人以上の労働者が同種のがんに罹患したことを把握したときは、当該罹患が業務に起因するかどうかについて、遅滞なく、医師の意見を聴かなければならない。

2　事業者は、前項の医師が、同項の罹患が業務に起因するものと疑われると判断したときは、遅滞なく、次に掲げる事項について、所轄都道府県労働局長に報告しなければならない。

一　がんに罹患した労働者が当該事業場で従事した業務において製造し、又は取り扱つた化学物質の名称（化学物質を含有する製剤にあつては、当該製剤が含有する化学物質の名称）

二　がんに罹患した労働者が当該事業場において従事していた業務の内容及び当該業務に従事していた期間

三　がんに罹患した労働者の年齢及び性別

（ばく露の程度の低減等）

第五百七十七条の二　事業者は、リスクアセスメント対象物を製造し、又は取り扱う事業場において、リスクアセスメントの結果等に基づき、労働者の健康障害を防止するため、代替物の使用、発散源を密閉する設備、局所排気装置又は全体換気装置の設置及び稼働、作業の方法の改善、有効な呼吸用保護具を使用させること等必要な措置を講ずることにより、リスクアセスメント対象物に労働者がばく露される程度を最小限度にしなければならない。

２　事業者は、リスクアセスメント対象物のうち、一定程度のばく露に抑えることにより、労働者に健康障害を生ずるおそれがない物として厚生労働大臣が定めるものを製造し、又は取り扱う業務（主として一般消費者の生活の用に供される製品に係るものを除く。）を行う屋内作業場においては、当該業務に従事する労働者がこれらの物にばく露される程度を、厚生労働大臣が定める濃度の基準以下としなければならない。

３　事業者は、リスクアセスメント対象物を製造し、又は取り扱う業務に常時従事する労働者に対し、法第六十六条の規定による健康診断のほか、リスクアセスメント対象物に係るリスクアセスメントの結果に基づき、関係労働者の意見を聴き、必要があると認めるときは、医師又は歯科医師が必要と認める項目について、医師又は歯科医師による健康診断を行わなければならない。

４　事業者は、第二項の業務に従事する労働者が、同項の厚生労働大臣が定める濃度の基準を超えてリスクアセスメント対象物にばく露したおそれがあるときは、速やかに、当該労働者に対し、医師又は歯科医師が必要と認める項目について、医師又は歯科医師による健康診断を行わなければならない。

５　事業者は、前二項の健康診断（以下この条において「リスクアセスメント対象物健康診断」という。）を行つたときは、リスクアセスメント対象物健康診断の結果に基づき、リスクアセスメント対象物健康診断個人票（様式第二十四号の二）を作成し、これを五年間（リスクアセスメント対象物ががん原性がある物として厚生労働大臣が定めるもの（以下「がん原性物質」という。）である場合は、三十年間）保存しなければならない。

６　事業者は、リスクアセスメント対象物健康診断の結果（リスクアセスメント対象物健康診断の項目に異常の所見があると診断された労働者に係るものに限る。）に基づき、当該労働者の健康を保持するために必要な措置について、次に定めるところにより、医師又は歯科医師の意見を聴かなければならない。

一　リスクアセスメント対象物健康診断が行われた日から三月以内に行うこと。

二　聴取した医師又は歯科医師の意見をリスクアセスメント対象物健康診断個人票に記載すること。

７　事業者は、医師又は歯科医師から、前項の意見聴取を行う上で必要となる労働者の業務に関する情報を求められたときは、速やかに、これを提供しなければならない。

８　事業者は、第六項の規定による医師又は歯科医師の意見を勘案し、その必要があると認めるときは、当該労働者の実情を考慮して、就業場所の変更、作業の転換、労働時間の短縮等の措置を講ずるほか、作業環境測定の実施、施設又は設備の設置又は整備、衛生委員会又は安全衛生委員会への当該医師又は歯科医師の意見の報告その他の適切な措置を講じなければならない。

９　事業者は、リスクアセスメント対象物健康診断を受けた労働者に対し、遅滞なく、リスクアセスメント対象物健康診断の結果を通知しなければならない。

10 事業者は、第一項、第二項及び第八項の規定により講じた措置について、関係労働者の意見を聴くための機会を設けなければならない。

11 事業者は、次に掲げる事項（第三号については、がん原性物質を製造し、又は取り扱う業務に従事する労働者に限る。）について、一年を超えない期間ごとに一回、定期に、記録を作成し、当該記録を三年間（第二号（リスクアセスメント対象物ががん原性物質である場合に限る。）及び第三号については、三十年間）保存するとともに、第一号及び第四号の事項について、リスクアセスメント対象物を製造し、又は取り扱う業務に従事する労働者に周知させなければならない。

一 第一項、第二項及び第八項の規定により講じた措置の状況

二 リスクアセスメント対象物を製造し、又は取り扱う業務に従事する労働者のリスクアセスメント対象物のばく露の状況

三 労働者の氏名、従事した作業の概要及び当該作業に従事した期間並びにがん原性物質により著しく汚染される事態が生じたときはその概要及び事業者が講じた応急の措置の概要

四 前項の規定による関係労働者の意見の聴取状況

12 前項の規定による周知は、次に掲げるいずれかの方法により行うものとする。

一 当該リスクアセスメント対象物を製造し、又は取り扱う各作業場の見やすい場所に常時掲示し、又は備え付けること。

二 書面を、当該リスクアセスメント対象物を製造し、又は取り扱う業務に従事する労働者に交付すること。

三 磁気ディスク、光ディスクその他の記録媒体に記録し、かつ、当該リスクアセスメント対象物を製造し、又は取り扱う各作業場に、当該リスクアセスメント対象物を製造し、又は取り扱う業務に従事する労働者が当該記録の内容を常時確認できる機器を設置すること。

第五百七十七条の三 事業者は、リスクアセスメント対象物以外の化学物質を製造し、又は取り扱う事業場において、リスクアセスメント対象物以外の化学物質に係る危険性又は有害性等の調査の結果等に基づき、労働者の健康障害を防止するため、代替物の使用、発散源を密閉する設備、局所排気装置又は全体換気装置の設置及び稼働、作業の方法の改善、有効な保護具を使用させること等必要な措置を講ずることにより、労働者がリスクアセスメント対象物以外の化学物質にばく露される程度を最小限度にするよう努めなければならない。

（皮膚障害等防止用の保護具）

第五百九十四条 事業者は、皮膚若しくは眼に障害を与える物を取り扱う業務又は有害物が皮膚から吸収され、若しくは侵入して、健康障害若しくは感染をおこすおそれのある業務においては、当該業務に従事する労働者に使用させるために、塗布剤、不浸透性の保護衣、保護手袋、履物又は保護眼鏡等適切な保護具を備えなければならない。

2 事業者は、前項の業務の一部を請負人に請け負わせるときは、当該請負人に対し、塗布剤、不浸透性の保護衣、保護手袋、履物又は保護眼鏡等適切な保護具について、備えておくこと等によりこれらを使用することができるようにする必要がある旨を周知させなければならない。

第五百九十四条の二 事業者は、化学物質又は化学物質を含有す

る製剤（皮膚若しくは眼に障害を与えるおそれ又は皮膚から吸収され、若しくは皮膚に侵入して、健康障害を生ずるおそれがあることが明らかなものに限る。以下「皮膚等障害化学物質等」という。）を製造し、又は取り扱う業務（法及びこれに基づく命令の規定により労働者に保護具を使用させなければならない業務及び皮膚等障害化学物質等を密閉して製造し、又は取り扱う業務を除く。）に労働者を従事させるときは、不浸透性の保護衣、保護手袋、履物又は保護眼鏡等適切な保護具を使用させなければならない。

2　事業者は、前項の業務の一部を請負人に請け負わせるときは、当該請負人に対し、同項の保護具を使用する必要がある旨を周知させなければならない。

第五百九十四条の三　事業者は、化学物質又は化学物質を含有する製剤（皮膚等障害化学物質等及び皮膚若しくは眼に障害を与えるおそれ又は皮膚から吸収され、若しくは皮膚に侵入して、健康障害を生ずるおそれがないことが明らかなものを除く。）を製造し、又は取り扱う業務（法及びこれに基づく命令の規定により労働者に保護具を使用させなければならない業務及びこれらの物を密閉して製造し、又は取り扱う業務を除く。）に労働者を従事させるときは、当該労働者に保護衣、保護手袋、履物又は保護眼鏡等適切な保護具を使用させるよう努めなければならない。

2　事業者は、前項の業務の一部を請負人に請け負わせるときは、当該請負人に対し、同項の保護具について、これらを使用する必要がある旨を周知させるよう努めなければならない。

（保護具の数等）

第五百九十六条　事業者は、第五百九十三条第一項、第五百九十四条第一項、第五百九十四条の二第一項及び前条第一項に規定する保護具については、同時に就業する労働者の人数と同数以上を備え、常時有効かつ清潔に保持しなければならない。

（労働者の使用義務）

第五百九十七条　第五百九十三条第一項、第五百九十四条第一項、第五百九十四条の二第一項及び第五百九十五条第一項に規定する業務に従事する労働者は、事業者から当該業務に必要な保護具の使用を命じられたときは、当該保護具を使用しなければならない。

表示・通知義務対象物関係の改正政省令

（傍線は改正部分。２０２５年４月１日施行）

労働安全衛生法施行令

（名称等を表示すべき危険物及び有害物）

第十八条　法第五十七条第一項の政令で定める物は、次のとおりとする。

一　別表第九に掲げる物（アルミニウム、イットリウム、インジウム、カドミウム、銀、クロム、コバルト、すず、タリウム、タングステン、タンタル、銅、鉛、ニッケル、ハフニウム、マンガン又はロジウムにあつては、粉状のものに限る。）

二　国が行う化学品の分類（産業標準化法（昭和二十四年法律第百八十五号）に基づく日本産業規格Z七二五二（ＧＨＳに基づく化学品の分類方法）に定める方法による化学物質の危険性及び有害性の分類をいう。）の結果、危険性又は有害性があるものと令和三年三月三十一日までに区分された物（次条第二号において「特定危険性有害性区分物質」という。）のうち、次に掲げる物以外のもので厚生労働省令で定めるもの

イ　別表第三第一号1から7までに掲げる物

ロ　前号に掲げる物

ハ　危険性があるものと区分されていない物であつて、粉じんの吸入によりじん肺その他の呼吸器の健康障害を生ずる有害性のみがあるものと区分されたもの

三　前二号に掲げる物を含有する製剤その他の物（前二号に掲げる物の含有量が厚生労働大臣の定める基準未満であるものを除く。）

四　別表第三第一号1から7までに掲げる物を含有する製剤その他の物（同号8に掲げる物を除く。）で、厚生労働省令で定めるもの

（名称等を通知すべき危険物及び有害物）

第十八条の二　法第五十七条の二第一項の政令で定める物は、次のとおりとする。

一　別表第九に掲げる物

二　特定危険性有害性区分物質のうち、次に掲げる物以外のもので厚生労働省令で定めるもの

イ　別表第三第一号1から7までに掲げる物

ロ　前号に掲げる物

ハ　危険性があるものと区分されていない物であつて、粉じんの吸入によりじん肺その他の呼吸器の健康障害を生ずる有害性のみがあるものと区分されたもの

三　前二号に掲げる物を含有する製剤その他の物（前二号に掲げる物の含有量が厚生労働大臣の定める基準未満であるものを除く。）

四　別表第三第一号1から7までに掲げる物を含有する製剤その他の物（同号8に掲げる物を除く。）で、厚生労働省令で定めるもの

別表第九　名称等を表示し、又は通知すべき危険物及び有害物（第十八条、第十八条の二関係）

一　アリル水銀化合物

二　アルキルアルミニウム化合物

三　アルキル水銀化合物

四　アルミニウム及びその水溶性塩

五　アンチモン及びその化合物

六　イットリウム及びその化合物
七　インジウム及びその化合物
八　ウラン及びその化合物
九　カドミウム及びその化合物
十　銀及びその水溶性化合物
十一　クロム及びその化合物
十二　コバルト及びその化合物
十三　ジルコニウム化合物
十四　水銀及びその無機化合物
十五　すず及びその化合物
十六　セレン及びその化合物
十七　タリウム及びその水溶性化合物
十八　タングステン及びその水溶性化合物
十九　タンタル及びその酸化物

二十　鉄水溶性塩
二十一　テルル及びその化合物
二十二　銅及びその化合物
二十三　鉛及びその無機化合物
二十四　ニッケル及びその化合物
二十五　白金及びその水溶性塩
二十六　ハフニウム及びその化合物
二十七　バリウム及びその水溶性化合物
二十八　砒素及びその化合物
二十九　弗素及びその水溶性無機化合物
三十　マンガン及びその無機化合物
三十一　モリブデン及びその化合物
三十二　沃素及びその化合物
三十三　ロジウム及びその化合物

労働安全衛生法規則

（名称等を表示すべき危険物及び有害物）

第三十条　令第十八条第二号の厚生労働省令で定める物は、別表第二の物の欄に掲げる物とする。ただし、運搬中及び貯蔵中において固体以外の状態にならず、かつ、粉状にならない物（次の各号のいずれかに該当するものを除く。）を除く

一　危険物（令別表第一に掲げる危険物をいう。以下同じ。）

二　危険物以外の可燃性の物等爆発又は火災の原因となるおそれのある物

三　酸化カルシウム、水酸化ナトリウム等を含有する製剤その他の物であつて皮膚に対して腐食の危険を生ずるもの

第三十一条　令第十八条第四号の厚生労働省令で定める物は、次に掲げる物とする。ただし、前条ただし書の物を除く。

一　ジクロルベンジジン及びその塩を含有する製剤その他の物で、ジクロルベンジジン及びその塩の含有量が重量の〇・一パーセント以上一パーセント以下であるもの

二　アルフア－ナフチルアミン及びその塩を含有する製剤その他の物で、アルフア－ナフチルアミン及びその塩の含有量が重量の一パーセントであるもの

三　塩素化ビフエニル（別名ＰＣＢ）を含有する製剤その他の物で、塩素化ビフエニルの含有量が重量の〇・一パーセント以上一パーセント以下であるもの

四　オルト－トリジン及びその塩を含有する製剤その他の物で、オルト－トリジン及びその塩の含有量が重量の一パーセントであるもの

五　ジアニシジン及びその塩を含有する製剤その他の物で、ジアニシジン及びその塩の含有量が重量の一パーセントであるもの

六　ベリリウム及びその化合物を含有する製剤その他の物で、ベリリウム及びその化合物の含有量が重量の〇・一パーセント以上一パーセント以下（合金にあつては、〇・一パーセント以上三パーセント以下）であるもの

七　ベンゾトリクロリドを含有する製剤その他の物で、ベンゾトリクロリドの含有量が重量の〇・一パーセント以上〇・五パーセント以下であるもの

（名称等を通知すべき危険物及び有害物）

第三十四条の二　令第十八条の二第二号の厚生労働省令で定める物は、別表第二の物の欄に掲げる物とする

第三十四条の二の二　令第十八条の二第四号の厚生労働省令で定める物は、次に掲げる物とする。

一　ジクロルベンジジン及びその塩を含有する製剤その他の物で、ジクロルベンジジン及びその塩の含有量が重量の〇・一パーセント以上一パーセント以下であるもの

二　アルフア－ナフチルアミン及びその塩を含有する製剤その他の物で、アルフア－ナフチルアミン及びその塩の含有量が重量の一パーセントであるもの

三　塩素化ビフエニル（別名ＰＣＢ）を含有する製剤その他の物で、塩素化ビフエニルの含有量が重量の〇・一パーセント以上一パーセント以下であるもの

四　オルト－トリジン及びその塩を含有する製剤その他の物で、オルト－トリジン及びその塩の含有量が重量の〇・一パーセント以上一パーセント以下であるもの

五　ジアニシジン及びその塩を含有する製剤その他の物で、ジ

アニシジン及びその塩の含有量が重量の〇・一パーセント以上一パーセント以下であるもの

六　ベリリウム及びその化合物を含有する製剤その他の物で、ベリリウム及びその化合物の含有量が重量の〇・一パーセント以上一パーセント以下（合金にあつては、〇・一パーセント以上三パーセント以下）であるもの

七　ベンゾトリクロリドを含有する製剤その他の物で、ベンゾトリクロリドの含有量が重量の〇・一パーセント以上〇・五パーセント以下であるもの

第三十四条の二の六　法第五十七条の二第一項第二号の事項のうち、成分の含有量については、令第十八条の二第一号及び第二号に掲げる物並びに令別表第三第一号1から7までに掲げる物ごとに重量パーセントを通知しなければならない。

2　（略）

別表第2（第30条、第34条の2関係）

項	物	備考
1	亜鉛	
2	亜塩素酸ナトリウム	
3	アクリルアミド	
4	アクリル酸	
5	アクリル酸イソオクチル	
6	アクリル酸イソブチル	
7	アクリル酸エチル	
8	アクリル酸２－エチルヘキシル	
9	アクリル酸２－エトキシエチル	
10	アクリル酸グリシジル	
（中　略）		
2267	りん酸トリ－ノルマル－ブチル	
2268	りん酸トリフェニル	
2269	りん酸トリメチル	
2270	りん酸ナトリウム（別名りん酸三ナトリウム）	
2271	レソルシノール	
2272	六塩化ブタジエン	
2273	六弗化硫黄	
2274	ロジン	
2275	ロダン酢酸エチル	
2276	ロテノン	

＊　別表２の全文は下記を参照。
令和５年９月29日厚生労働省令第121号
https://www.mhlw.go.jp/content/11300000/001150522.pdf

■著者略歴■

城内 博（じょうない・ひろし）
独立行政法人労働者健康安全機構 労働安全衛生総合研究所
化学物質情報管理研究センター センター長

1978年早稲田大学大学院理工学研究科（化学工学）博士課程前期修了。1985年秋田大学医学部卒業。1985年産業医学総合研究所勤務。2002年日本大学大学院理工学研究科教授。2020年より現職。
2001年国際連合「化学品の分類および表示に関する世界調和システム（GHS）専門家小委員会」日本代表（2008年より団長）。2013年厚生労働省労働政策審議会 安全衛生分科会委員（2019年～2023年分科会長）。2004年日本産業規格GHS関連JIS原案作成委員会委員長。2019年厚生労働省職場における化学物質管理の今後のあり方に関する検討会座長（2019年～2021年）なども務める。
『化学物質とどうつきあうか』（中央労働災害防止協会、2009）、『GHS Q&A』（共著、化学工業日報社、2007）、『GHS健康有害性分類のための毒性情報収集ガイダンス』（共著、同、2008）、『はじめようリスクアセスメント』（共著、同、2016）、『GHS分類演習［改訂版］』（共著、同、2019）など著書多数。

こう変わる！ 化学物質管理 法令順守型から自律的な管理へ

令和4年 8月19日 第1版第1刷発行
令和5年 1月26日 第2版第1刷発行
令和5年 11月30日 第3版第1刷発行

著　者　城内　博
発行者　平山　剛
発行所　中央労働災害防止協会
東京都港区芝浦 3-17-12　吾妻ビル9階
〒108-0023
電話　販売　03（3452）6401
　　　編集　03（3452）6209

印刷・製本　㈱丸井工文社
表紙デザイン　㈱ジェイアイプラス

乱丁・落丁本はお取り替えいたします。

ISBN978-4-8059-2137-1　C3060
中災防ホームページ　https://www.jisha.or.jp